수학교실5: 신기한 규칙의 세계

영재들의 1등급 수학교실❺ : 신기한 규칙의 세계

펴 냄	2009년 2월 5일 1판 1쇄 박음 / 2009년 2월 10일 1판 1쇄 펴냄
지 은 이	신항균
일러스트	이유진
펴 낸 이	김철종
펴 낸 곳	(주)한언
	등록번호 제1－128호 / 등록일자 1983. 9. 30
주 소	서울시 마포구 신수동 63－14 구 프라자 6층(우 121－854)
	TEL. (대)701-6616 / FAX. 701-4449
책임편집	정승원 swjung@haneon.com
디 자 인	한언 디자인팀
홈페이지	www.haneon.com
e － m a i l	haneon@haneon.com

저자와의 협의하에 인지 생략

ⓒ 2009 신항균

이 책의 무단 전재와 복제를 금합니다.

잘못 만들어진 책은 구입하신 서점에서 바꾸어 드립니다.

I S B N	978-89-5596-505-6 64410
	978-89-5596-470-7 64410(세트)

영재들의 1등급

수학교실 5: 신기한 규칙의 세계

신항균 지음

한리

오일러는 주로 수학에 관한 연구를 많이 했는데, 어떤 것은 총, 소리, 항해, 복권, 천문학 등 실생활과 관련된 것도 있었습니다. 그중 하나는 '쾨니히스베르크의 다리 문제'라고 하는데, 지금까지 아주 유명하답니다.

▲ 오일러

쾨니히스베르크 마을은 프레겔 강의 중간 지점에 있는 섬으로, 7개의 다리로 주변 지역과 연결되어 있었습니다. 이 마을 사람들은 오래전부터 해마다 전통 축제를 준비해왔습니다.

그들은 축제의 행렬이 그 마을의 중요한 역사적 유적지를 꼭 한 번씩 통과하기를 원했습니다. 그래서 축제 행렬이 7개의 다리를 한 번씩만 통과할 수 있도록 계획을 짜야 하는데, 그 누구도 해내지 못한 상황이었습니다.

그러던 중 마침 오일러가 그곳을 방문했고, 마을 사람들은 그에게 도움을 청하게 되었습니다. 오일러는 이 문제를 수학적으로 증명해 보임으로써 마을 사람들에게 도움을 주었을 뿐 아니라 프로이센의 프리드리히 대왕의 부름을 받아 베를린 아카데미에 들어가게 되었습니다. 이 증명은 새로운 수학 분야를 여는 역사적인 사건으로 기록되었는데 그것이 바로

오늘날 수학에서 중요한 위치를 차지하고 있는 위상수학입니다. '한붓그리기'
는 위상수학을 이해하는 데 가장 쉽고 기초적인 예라 할 수 있습니다.

　오일러가 28세 되던 1735년에는 당대 유명한 수학자들이 모두 행성의 궤도
를 계산해내려는 데 몰두하고 있었습니다. 아무도 답을 내지 못하던 때에 오직
오일러만이 다양한 숫자와 부호들을 사용하여 이 문제를 해결해냈습니다. 하지
만 이러한 놀라운 연구 결과는 결코 저절로 얻어진 것이 아닙니다. 너무나 연구
에 몰두한 나머지 몸이 쇠약해져 심한 고열에 시달리다 그 후유증으로 오른쪽
시력을 잃었습니다. 그리고 59세에는 백내장을 앓아 왼쪽 눈마저 시력이 약화되
기 시작했습니다. 하지만 그는 결코 의기소침하지 않았습니다.

　오일러는 자신의 시력이 결코 회복될 수 없다는 것을 알았을 때, 친구에게 다
음과 같이 말했습니다. "차라리 마음이 편한 것 같아. 이제 나를 방해하는 것이
완전히 사라졌거든. 그래서 더욱 열심히 연구할 수 있을 것 같아." 오일러의 말
이 옳았습니다. 그는 더 놀라운 속도로 수학과 과학에 관한 논문을 쓰기 시작하
였습니다. 다행히도 오일러는 자신이 전혀 보지 못하게 될 때를 대비하여 미리
아들과 조교에게 자신의 말을 받아쓰고 책으로 만들어낼 수 있는 훈련을 시켜놓
았던 것입니다.

　오일러는 지금까지도 가장 많은 논문을 쓴 수학자로 알려져 있습니다. 공책
에 그의 논문 제목만 써도 50쪽이 넘었고, 그가 죽은 지 47년이 되어서야 비로소
생전에 남긴 책과 논문을 모두 출판할 수 있었다고 합니다.

　오일러가 실제 두 눈으로 볼 수 있었던 것은 오직 캄캄한 어둠뿐이었지만, 그

의 정신세계까지 어두웠던 것은 결코 아닙니다. 그의 머릿속에는 수학 기호, 공식, 원리, 도형 등의 광명의 세계가 자리 잡고 있었기 때문입니다. 오일러는 죽는 순간까지도 하늘에 어떻게 하면 기구를 띄울 수 있는지, 천왕성의 궤도는 어떠한지 고민하였다고 합니다. 이러한 불굴의 의지로 이룩한 연구 결과가 바로 현대 수학의 길잡이가 되고 있으니, 참으로 대단한 사람입니다.

이 책에서는 주변에서 흔히 볼 수 있는 다양한 사물과 현상, 도형, 그림들로 가득 차 있습니다. 일상의 문제도 수학으로 풀어낸 오일러처럼 여러분도 생활 속의 수학 규칙을 발견하고 오일러보다 더 많은 일을 해낼 수 있으리라 생각합니다. 수학은 숫자로만 되어 있는 딱딱하고 어려운 것이라는 오해를 버리고, 즐거운 미술 시간처럼 종이와 가위, 색연필 등을 쥐고 아름다운 수학의 세계로 빠져들 준비를 합시다. 그리고 수학이 얼마나 재미있고 유용한 것인지 느껴봅시다. 자, 여러분, 준비 다 되었나요?

서울교육대학교 수학과 교수 신항균

1 생활 속에서 발견할 수 있는 다양한 **수학 규칙들**

우리 주위에는 온통 수학들로 가득합니다. 예쁜 디자인 문양이나 하얀 눈송이, 쌓기놀이 하는 블록이나 수많은 그림 속에서 우리는 수학의 원리들을 발견하게 됩니다. 수업 시간에 배우는 딱딱하고 재미없는 수학은 가라! 이제 여러분은 수학책 대신 많은 그림과 도형을 직접 보고, 만들고 그리면서 보다 친근하고 흥미로운 수학 세계로 풍덩 빠지게 될 것입니다.

2 도전

박사님과 우리의 친구들은 수학의 규칙을 발견해가면서 하나하나 문제를 풀어갑니다. 여기에 여러분도 참여해보세요. 책에 직접 그림도 그리고 색도 칠해보는 거예요. 자, 우리 다 같이 도전해봐요!

3 한 걸음 더!

각 장에서 배운 것들을 모두 종합해보고 한 번 더 생각해볼 수 있는 문제들을 준비했습니다. 잘 모르겠다고 생각되면 다시 한 번 앞의 내용을 읽어보고 도전 문제를 풀어보면 됩니다. 그렇게 해서 한 걸음 더 나아가게 되는 것입니다.

차례
CONTENTS

해답 : 137

신기한 모양

아이들이 박사님을 둘러싸고 옹기종기 모였습니다.

"자, 마술을 보여줄 테니 보아라. 여기 그림에 사람이 몇 명 있지?"

박사님이 신이 나서 이야기하고 아이들은 호기심 어린 눈으로 쳐 다보았습니다. 혁이가 "7명이요"라고 힘차게 대답합니다.

"그렇지, 바로 7명이지. 잘 봐라, 내가 마술을 걸 테니. 수리수리 마수리 야아합! 자, 보거라. 사람이 몇 명이 되었지?"

아이들은 눈이 휘둥그레져 사람 수를 세기 시작하였습니다. "하나, 둘, 셋, 넷……. 어, 이상하다. 분명 같은 그림 같은데 8명이네. 어떻게 된 거지?"

어리둥절해하는 아이들을 보며 박사님은 말씀하셨습니다.

"자, 어찌된 일인지 한번 볼까? 먼저 첫 번째 그림을 다시 한 번 확인히지. 7명 맞지? 그럼 표시된 선을 따라 세 조각으로 잘라보자. 그러고 나서 위의 두 조각을 서로 바꾸어놓으면, 자, 두 번째 그림처럼 되지? 그럼 이 그림에는 또 몇 명이 있는지 세어보자. 8명이 나오지? 그런데 그림을 잘 보고 비교해보면, 특히 종이와 종이가 맞닿는 부분을 보면 사람들이 조금씩 어딘가 모자라다는 것을 발견할 수 있을 거야." 아이들은 열심히 두 그림을 비교해보며 "어, 정말 그렇네요" 하며 신기해했습니다.

　"자, 애들아. 그럼 이제 그 원리를 한번 알아보자. 아래 첫 번째 그림처럼 종이에 10개의 선분을 긋고, 두 번째처럼 대각선으로 잘 자르는 거야. 정말 잘 잘라야 한단다. 양쪽 끝에 있는 선분들이 잘려나가지 않게 말이다. 이때 먼저 종이에 자를 부분을 표시해놓으면 문제없이 잘 자를 수 있을 거야."

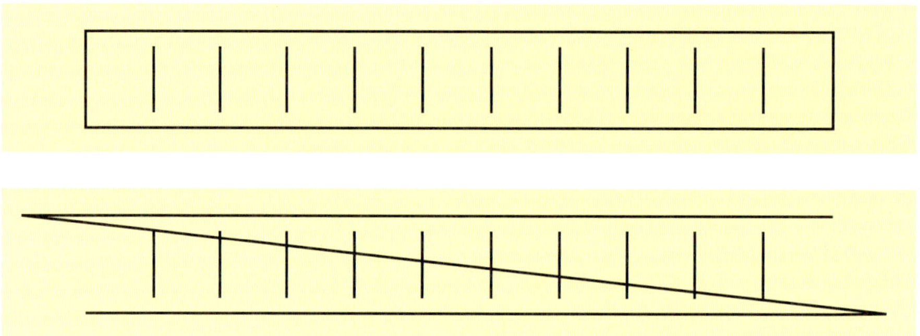

　아이들은 박사님의 설명에 귀 기울이며 열심히 따라했습니다.
　"자, 다 잘랐으면 변을 따라 종이를 미끄러뜨려 보거라."
　열심히 따라하는 아이들을 보며 박사님은 빙긋 웃고는 말씀을 이어가셨습니다.
　"이제 선분의 개수를 세어보면 9개, 즉 처음보다 1개가 줄어 있음을 알 수 있단다. 그렇다고 어느 선분이 사라진 것은 절대로 아니야. 잘 보면 먼저 있던 선분보다 그 다음에 있는 선분이 각각 1/9만큼씩 늘어난 것도 알 수 있단다. 그런데 종이를 다시 원래 상태로 하면 선분은 10개가 되고 길이는 짧아지지.

처음에 10개의 선분으로 되어 있는 집합을 대각선을 따라 둘로 나누면, 각각 9개의 선을 포함한 2개의 집합이 생긴단다. 자르기 전의 집합과 자른 후의 집합은 별개의 집합이라 선분의 개수가 서로 달라지는 것이지. 사람이 1명 더 생겨나는 원리도 이와 마찬가지란다. 즉 두 집합은 각각 서로 완전히 다른 집합이 되는 거지. 사람이 1명 늘어나면서 어딘가 모자란 듯이 보이는 것도 사람들의 키가 작아졌기 때문에 그런 거란다. 계산해보면 키가 1/8 정도 줄어들었다는 것을 알 수 있어.”

“아, 그런 거군요. 이 원리를 이용한 또 다른 예가 있을까요, 박사님?” 소라가 물었습니다.

“9장의 지폐를 18조각으로 잘라 적절하게 다시 배열하면 10장의 지폐로 만들 수 있단다.

이건 실제 있었던 일이야. 옛날 영국의 어느 사나이가 5파운드짜리 지폐를 이런 식으로 위조하다가 붙잡혀 8년간 감옥 생활을 한 적도 있거든. 그래서 이런 범죄를 막기 위해 요즘도 지폐에는 숫자를 대각선으로 서로 마주보게 써넣는 거야.”

“아, 그렇군요. 박사님 말씀을 들으면, 원리를 알 수 있게 돼 이해가 쉽고 재미있어요!”

아이들이 한목소리로 외쳤습니다.

파운드

우리나라 돈의 종류에는 어떤 것들이 있을까요? 네, 그래요. 1천 원, 5천 원, 1만 원짜리 지폐와 10원, 50원, 100원, 500원짜리 동전이 있어요. 여기서 우리나라의 화폐 단위가 ‘원’이라는 것을 알 수 있어요. 일본의 경우에는 ‘엔’, 미국은 ‘달러’를 쓰지요. 그럼 파운드는 어느 나라에서 쓸까요? 바로 영국이에요. 영국의 지폐에는 5파운드, 10파운드, 20파운드, 50파운드 4종류가 있고요, 동전에는 1펜스, 2펜스, 5펜스, 10펜스, 20펜스, 50펜스, 그리고 1파운드 총 7종류가 있다고 해요.

"그러니? 사실 선분을 그리고 자르고 다시 배열하면 되는 간단한 방법이긴 하지만, 그냥 종이에 아무렇게나 그린다고 다되는 건 아니란다. 상당히 머리를 써야 해. 또 하나 비슷한 예를 들어보자. 1880년경에 미국에 샘 로이드 *Sam Loyd* 라는 사람이 살았단다. 그는 퍼즐의 천재라고 불렸는데, 원을 사용해서 중국 병정 1명이 사라지는 그림을 소개하기도 했어."

샘 로이드(Sam Loyd, 1841~1911)

19세기 말 미국에서 태어나 20세기 초까지 살았던 샘 로이드는 퍼즐을 만드는 사람으로 유명했어요. 14살이라는 어린 나이에 체스 문제를 만들기 시작해서 죽을 때까지 50년 넘게 끊임없이 체스 퍼즐을 만들었다고 하니, 정말 대단한 사람이죠? 하지만 체스보다 더 샘 로이드를 유명하게 만든 것은 '15퍼즐' 이었어요. 미국에서는 일하는 동안에는 이 퍼즐을 못 하도록 금지했다고 하니, 얼마나 많은 사람들이 여기에 빠져 있었는지 잘 알겠지요?

"네? 그림에서 병정이 사라진다고요? 지우개로 지우거나 사람을 잘라내 버리거나 하는 것도 아닌데 사라진다고요?"

소라가 깜짝 놀라 물었습니다. 그러자 옆에 있던 철이가 뭔가 알았다는 듯 빙긋 웃더니 손으로 무릎을 탁 치며 말했습니다.

"아, 알 것 같기도 해요. 혹시 앞에 설명하신 것과 같은 방법이 쓰인 건 아닌가요? 그러니까 종이를 잘라서 조각을 다시 맞추는 것 같은 그런 방법이요."

박사님께서는 하나씩 깨우쳐가는 아이들이 대견한 듯 다정스러운 눈길을 주며 말씀하셨습니다.

"그래, 철이 말이 맞아. 이 그림은 복잡하니까, 좀 더 단순화해서 이 원리를 한번 살펴보자. 먼저 둥글게 원을 그리고 다음과 같이 머리 끝에서 발끝까지 굵기가 비슷한 뱀을 그려 넣는 거야. 그리고 나서 둥근 원을 따라 그림 원판을 잘라, 이 원을 시계 반대 방향으로 돌려 뱀 모양을 맞춰보는 거야. 그리고 뱀의 숫자를 세어보자. 어떻게 되었지? 뱀이 1마리 늘었지?

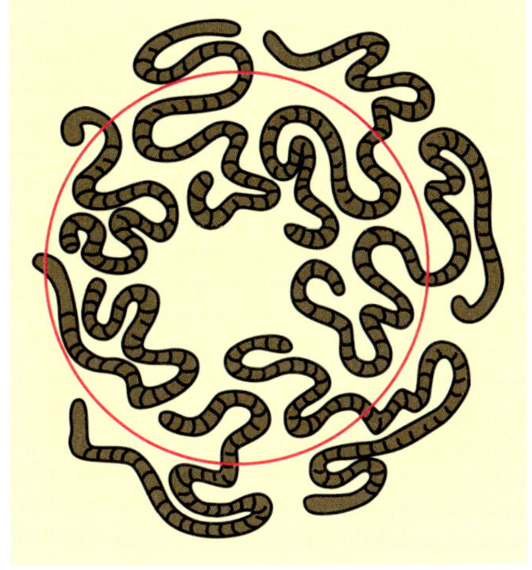
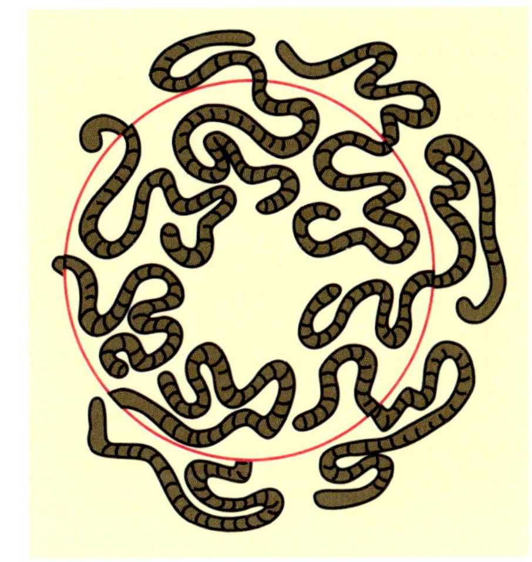

"와! 똑같은 그림을 가지고 조금 변형시켰을 뿐인데 완전히 다른 그림이 되네요." 소라가 말했습니다.

"그래. 이렇게 해서 많이 힘들이지 않고 새로운 것을 얻게 되는 거란다. 그러니까 우리도 어떤 사물을 볼 때 조금씩 다른 측면에서 바라보고 이것저것 새로운 시도를 자꾸 해봐야 하는 거야. 알겠지?"

아이들은 모두 한목소리로 "예"라고 대답했습니다.

"자, 그럼 이번에는 완성된 입체 도형을 보고, 어떻게 만들어진 것인지 너희들이 한번 맞혀보지 않을래?"

박사님 말씀에 아이들 모두 "좋아요"라며 큰소리로 대답했습니다.

도전

여기 있는 세 가지 입체 도형은 각각 직사각형, 원, 정사각형의 도화지 1장을 가지고 만든 것입니다. 어떻게 변형시켜 이런 모양이 나왔는지 잘 생각해보고 직접 만들어봅시다.

1) 직사각형의 기적　　　2) 원의 기적　　　3) 정사각형의 기적

야, 깡통!
니가 만들어봬!
뭐야!
맨날 나만 시켜...

다음의 그림과 같은 모양, 같은 크기로 도안을 합니다.

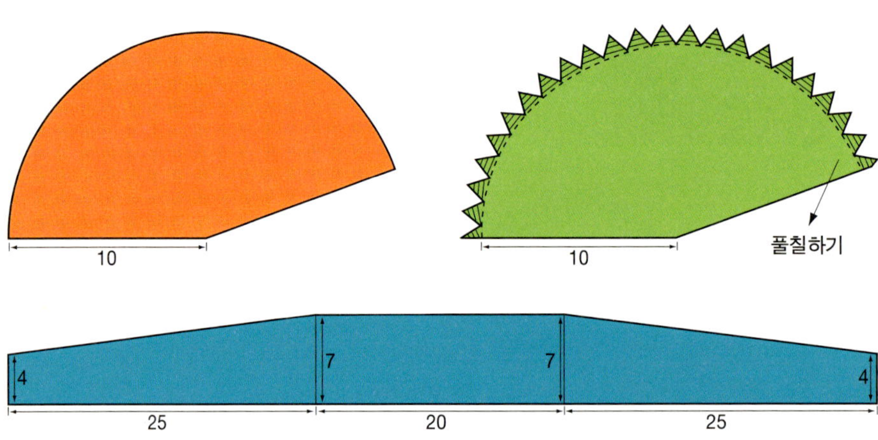

그리고 이 도안을 가지고 다음 그림과 같이 받침대와 원뿔 두 개를 붙인 바퀴를 만듭니다. 그러고 나서 바퀴를 받침대 A에 올려봅시다. 어떤 일이 벌어지나요? 그렇게 되는 이유를 생각해봅시다.

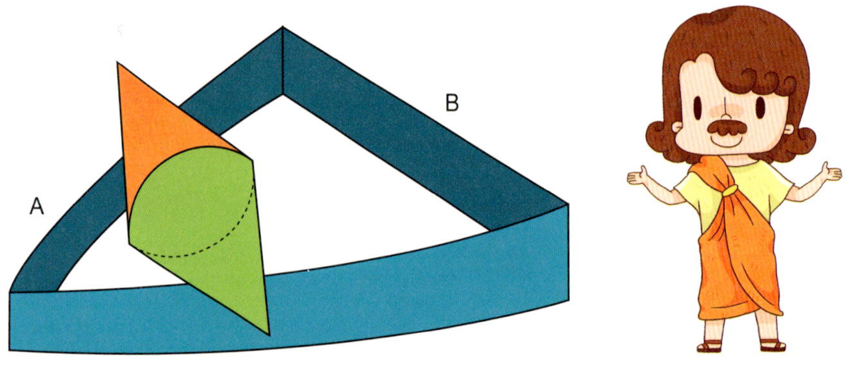

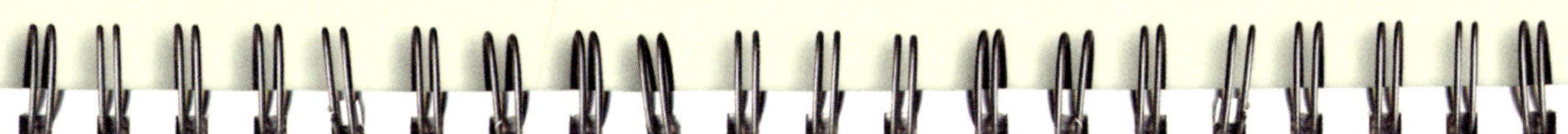

여러분도 새로운 물건을 보거나 기이한 현상을 접해본 적 있지요? 그때 '이것은 어떻게 된 것이지?' 하며 의문을 가져보았나요? 주변에 있는 작은 것에도 늘 호기심을 가지고 바라보면 흥미로운 사실을 발견할 수 있답니다.

자, 지금부터라도 시작해봐요. 그리고 여기에 적어봅시다.

점판 위의 그림

"은하수, 파인애플, 산양뿔, 바다고둥이 공통으로 가지고 있는 것은 무엇인지 말해볼 수 있는 사람?"

박사님이 다소 엉뚱한 질문을 하자 아이들은 의아해하며 생각에 잠겼습니다.

"알았다! 꼬불꼬불한 선이 있어요."

소리친 것은 철이었습니다.

"어, 정말 그러네!" 아이들이 입을 모아 말했습니다.

"참 잘 찾았구나. 이렇게 꼬불꼬불한 선은 나선이라고 한단다. 그런데 이 나선은 1, 1, 2, 2, 3, 3, 4…… 같은 숫자의 배열과도 관계가 있단다."

▲ 파인애플   ▲ 산양뿔(위), 은하수(아래)   ▲ 고둥

박사님의 말씀에 아이들의 눈이 휘둥그레졌습니다.

"네에? 어떻게 선이 숫자와 상관이 있을 수 있죠? 말도 안 돼요."

박사님이 빙긋 웃으며 말씀하셨습니다.

"자, 여길 보아라. 이렇게 점이 찍힌 종이 점판 위에 처음에는 한 칸, 다시 방향을 바꾸어 한 칸, 방향을 바꾸어 두 칸, 또 방향 바꾸어 두 칸…… 이렇게 선을 긋는 거야. 이때에는 시계 반대 방향으로 90도씩 틀어 그려야 해. 자, 어떠니? 나선이 그려졌지?

그럼 삼각형 모양의 점판 위에도 나선을 그려볼까? 이번에는 1, 2, 3, 4, 5……의 숫자 배열처럼 한 칸씩 늘려가면서 나선을 그려보자. 그러면 아래와 같은 그림이 그려지지."

아이들에게는 숫자에 따라 그림이 달라진다는 사실이 너무 신기했습니다.

"와, 그럼 박사님! 다른 모양의 선도 그릴 수 있나요?"

박사님은 철이의 질문에 다시 새로운 점판을 꺼내셨습니다.

"물론이지! 그렇다면 이번에는 어떤 나선이 그려지는지 한번 보

럼. 2, 2, 1, 1, 3, 3, 1, 1, 4, 4, 1…… 이런 숫자로 칸을 이동해가면 겹

쳐지는 나선이 그려진단다.

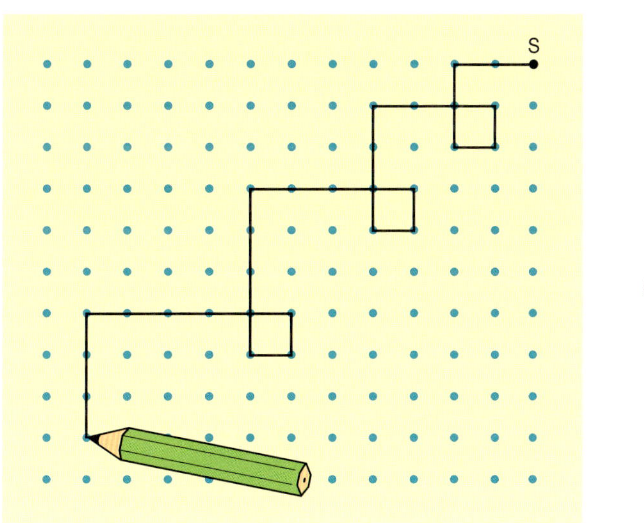

 도전 1

자, 그럼 이번에는 여러분도 한번 시도해봅시다. 다음의 삼각형 점판

위에 1, 2, 3, 1, 2, 4, 1, 2, 5, 1, 2……와 같은 숫자 배열로 선을 한번

그려보세요.

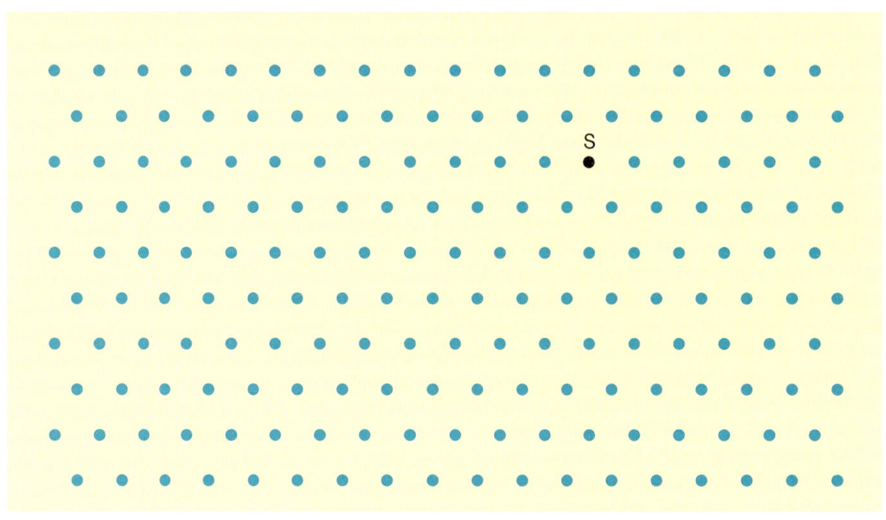

이제 사각형 점판 위에 반복되는 나선을 그려보자. 우리 1, 3, 3, 4, 1, 3, 3, 4, 1, 3, 3, 4……처럼 숫자를 배열하는 그림을 그려볼까? 그런데 이 숫자들은 어떤 규칙에 따라 반복되고 있는데, 누구 아는 사람?"

아이들은 숫자를 바라보며 고개를 갸웃거렸습니다. 그러다가 소라

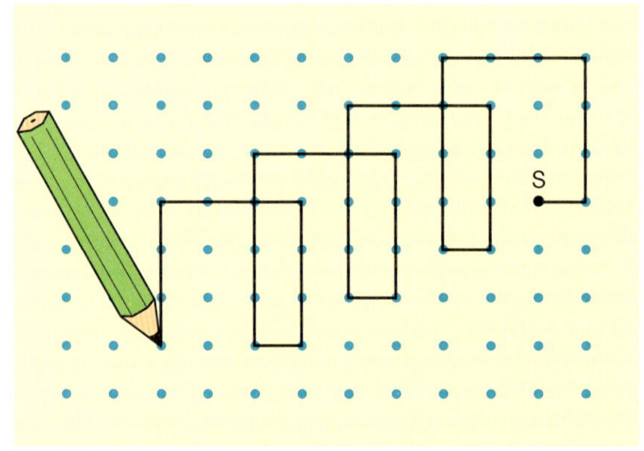

가 외쳤습니다. "알았어요. 이번엔 1, 3, 3, 4가 계속 반복돼요. 맞죠?"

박사님이 소라의 머리를 쓰다듬으며 말씀하셨습니다. "그래, 잘 찾아냈구나. 이럴 때에는 반복되는 숫자를 괄호 안에 넣어 (1, 3, 3, 4)로 쓰면 숫자 배열을 보다 간단하게 나타낼 수 있단다."

도전 2

이번에는 다음 삼각형 점판 위에 (1, 2, 3, 4, 5, 6)을 그려봅시다.

도전 3

여기에 (1, 2, 3), (1, 2, 3, 4), (1, 2, 3, 4, 5) 이렇게 세 종류의 숫자 배열이 있습니다. 이번에는 각각의 숫자 배열을 사각형

점판과 삼각형 점판 위에 그려봅시다. 숫자 배열이 같으면 그려지는 모양도 같아질까요? 자, 도전해보세요!

1) (1, 2, 3)

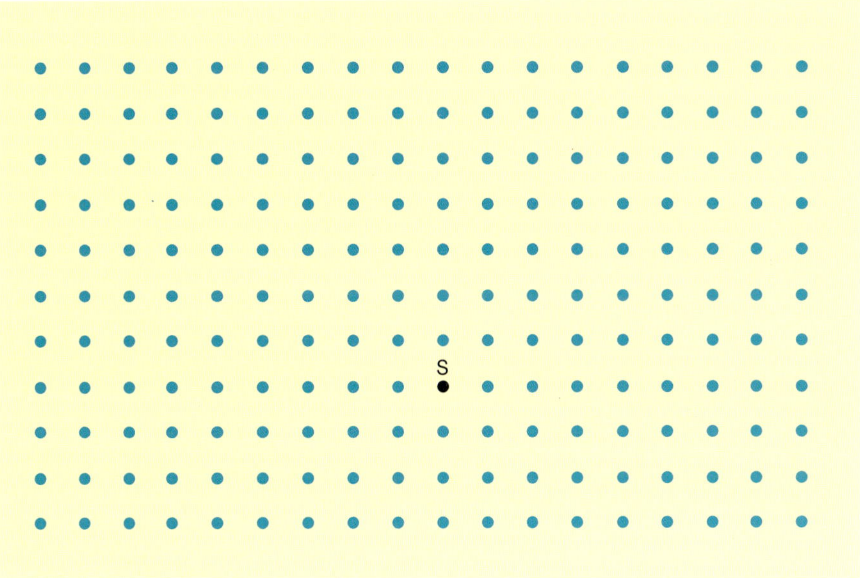

2) (1, 2, 3, 4)

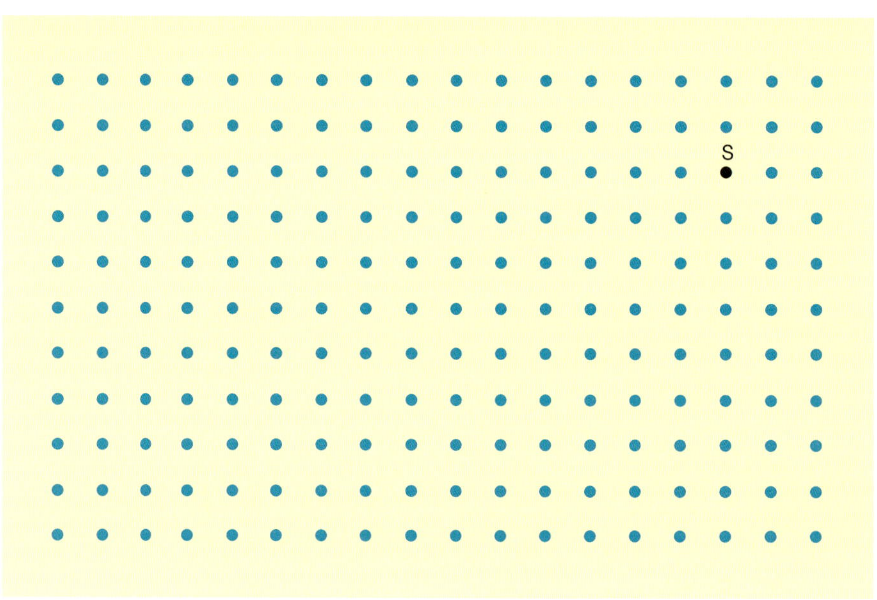

3) (1, 2, 3, 4, 5)

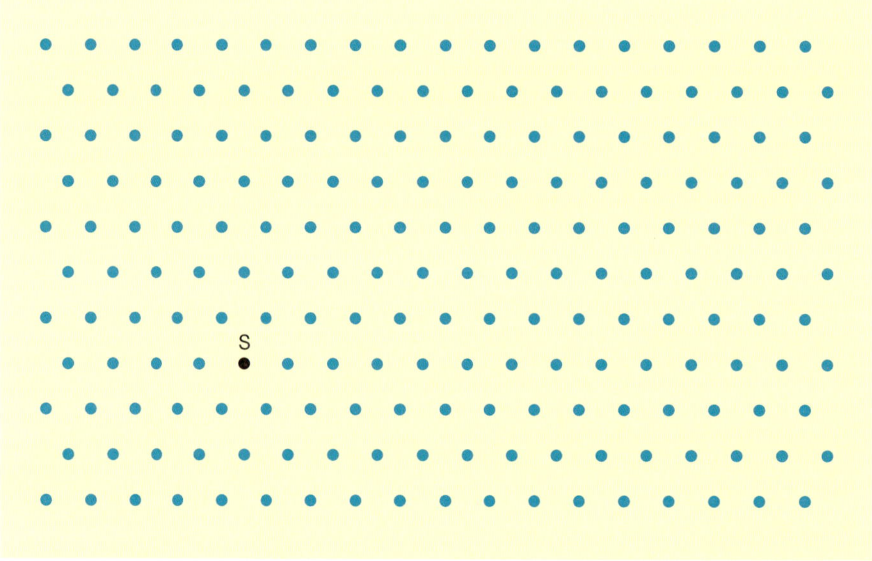

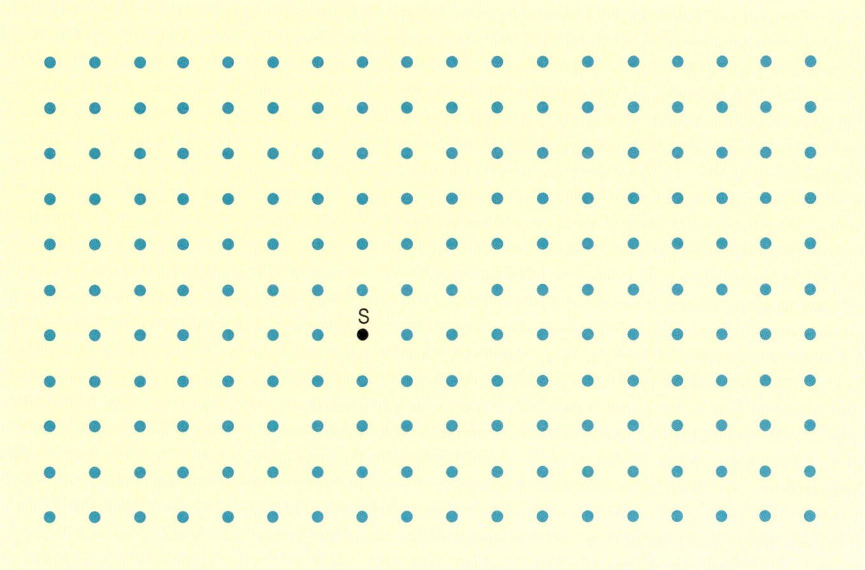

아이들이 열심히 그림을 그리며 말했습니다.

"박사님, 그림 속에도 규칙이 숨어 있다는 게 너무 재밌어요."

박사님은 하하 웃으시며 말하셨습니다.

"그렇지? 규칙은 우리 생활 곳곳에 숨어 있단다. 너희들이 재미있어 하니까, 조금 더 나아가볼까?"

"네, 좋아요."

아이들은 모두 즐거워하며 한목소리로 대답했습니다.

점판 위에 입체도형을 그려보자

　"이번에는 블록으로 만들어진 입체도형을 점판 위에 한번 그려보자. 앞에서 본 모양, 위에서 본 모양, 옆에서 본 모양으로 나눠서 말이야. 이때에는 너희들의 상상력을 마음껏 발휘해야 한단다. 아래 보이는 블록이 실제로 너희들 눈앞에 있다고 생각해보렴. 그리고 앞쪽, 위쪽 돌려가면서 보는 거야. 그러고는 바로 눈에 보이는 면만 평평한 점판 위에 옮겨 그리는 거지."

"점판 위에 숫자 배열을 그림으로 나타내는 것과는 다르게 생각을 많이 해야 해서, 어렵고 잘 모르겠어요. 좀 더 쉽게 할 수 있는 방법 없을까요?" 혁이가 물었습니다.

"하하하! 그럼 이렇게 한번 해보지 않겠니? 내가 앞에서 말한 것처럼 먼저 실제로 입체 블록을 들고 있다고 상상해보거라. 그리고 바라보는 쪽 면이 평평하게 되도록 올록볼록한 블록들을 앞으로 당기거나 뒤로 밀어 넣는 거야. 그러면 이제 눈앞에는 블록의 평면만 보이게 돼. 이걸 그대로 점판에 옮겨 그리면 좀 더 쉽겠지? 자, 이런 방법으로 다시 한 번 다음 입체들을 각 방향에서 바라보고 평면 그림을 그려보자."

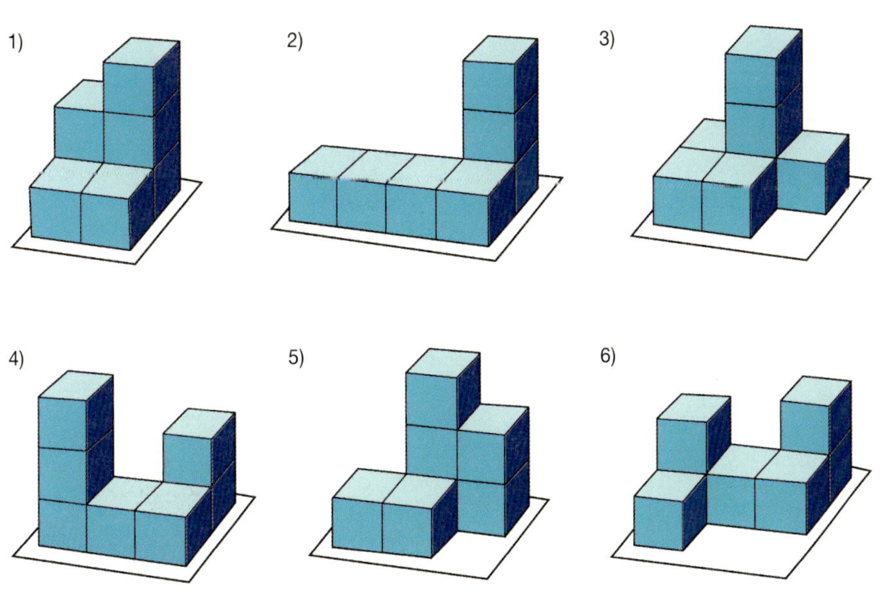

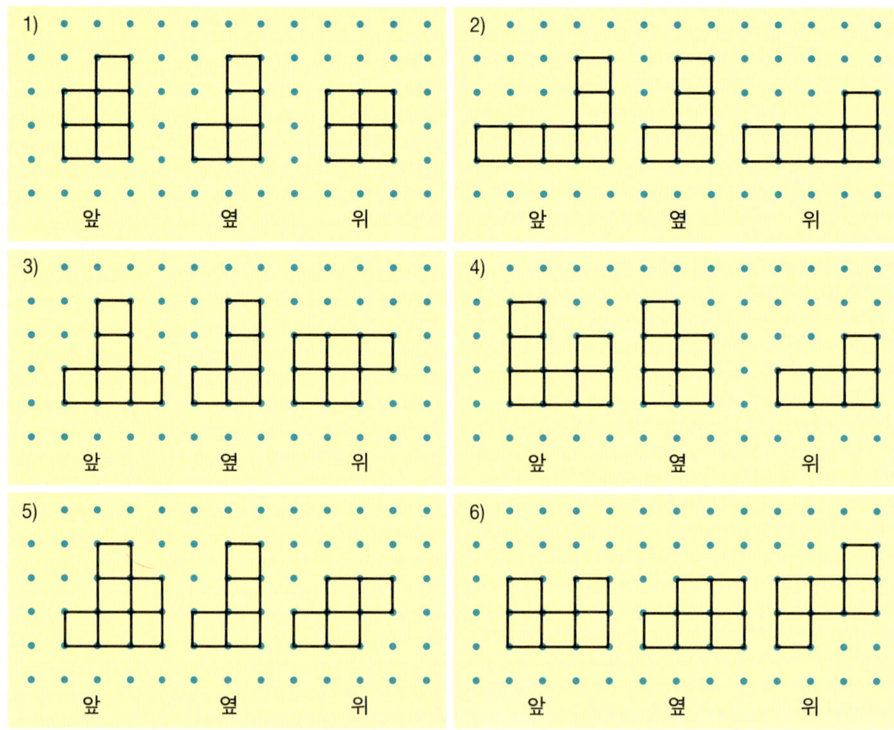

　　"박사님 말씀대로 상상 속에서 블록을 이리저리 맞춰본 다음 그대로 옮겨 그리니 조금은 쉬워졌어요. 하지만 한 번에 답을 맞히기는 쉽지 않은걸요." 미미가 풀이 죽어 말했습니다.

　　"단번에 정답을 내지 못했다고 해서 실망해서는 안 된단다. 처음부터 잘하는 사람은 없는 거야. 갓 태어난 아이들을 보렴. 처음에는 아무 말도 못 했는데, 우리가 알아들을 수 없는 말을 웅얼웅얼거리면서 차츰차츰 '엄마', '아빠' 라는 말을 또박또박 발음하고 나중에는 더 복잡한 말도 해내잖아? 너희들이 수학 문제를 풀 때에도 똑같은 거야.

처음에는 틀려도, 왜 틀렸는지 살펴보고 다시 생각하고 정답을 찾아가는 동안 실력이 늘어서 척척 답을 할 수 있게 된단다."

미미의 얼굴이 환해지자, 쌍둥이 미나가 말했습니다. "잘 알겠습니다. 그럼 다른 문제도 한번 풀어볼래요."

박사님은 흐뭇한 표정으로 아이들을 바라보며 말씀하셨습니다. "그럼 이번에는 반대로 한번 해보자. 앞에서 본 그림, 옆에서 본 그림, 위에서 본 평면그림을 가지고 입체도형을 그려보는 거야. 이때에는

삼각형 점판을 사용하면 입체를 잘 그릴 수 있단다.”

아이들이 이리저리 점판 위에 그림을 그리기 시작했습니다. 잘 풀리지 않는 듯 모두들 고개만 갸웃거리고 있습니다.

“앞에서 본 평면그림을 가지고 입체도형을 그리는 건 했어요. 그런데 거기에 옆에서 보고 또 위에서 본 입체도형의 모양을 결합해서 하나의 블록을 완성하려고 하니까, 지금까지 해왔던 그 어느 것보다 훨씬 더 복잡하고 어렵네요.” 혁이가 말했습니다.

“처음이라 익숙하지 않아서 어렵게 느껴지는 거란다. 하지만 뇌과학자들은 우리의 뇌가 쓰면 쓸수록 발달한다고 했어. 그러니까 자꾸 머리를 써서 생각하다보면 못할 게 없단다. 자, 한 가지 힌트를 준다면, 이거란다. 왜 혁이는 앞에서 본 모양을 먼저 그렸지? 무엇이든 밑바탕을 먼저 준비하고 그 위에 차곡차곡 쌓아가야 하는데 말이야. 이 문제도 마찬가지란다. 위에서 본 모양을 먼저 생각해야 하는 거야. 그리고 앞과 옆에서 본 모양을 생각해가며 몇 개의 블록을 쌓아야 할지 알아내는 거란다. 이렇게 입체도형을 그리려고 한다면 아까보다는 훨씬 더 쉽게 느껴질 거야. 자, 그럼 이번에는 이런 것도 한번 해보지 않겠니?”

박사님은 새로운 입체그림을 보여주시면서 또 다른 문제를 내주셨습니다.

도전 4

자, 이번에는 지금까지 연습해왔던 것을 종합해서 풀어보는 문제입니다.

네모 안의 그림은 블록으로 만든 입체를 위에서 본 모양입니다. 그리고 숫자는 거기에 쌓인 블록의 개수를 나타낸 것입니다.

이 입체를 A, B, C, D 각각의 부분에서 바라본 모양을 점판 위에 그려봅시다.

다음 입체에서 색칠한 블록을 제거한 그림을 그려봅시다.

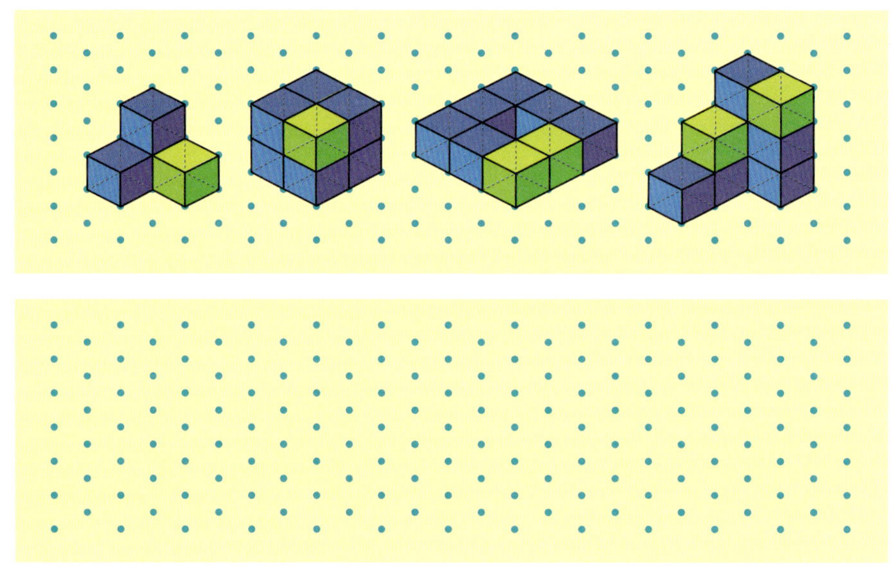

블록을 제거한 그림을 그려보았으니 이번에는 다음 입체에서 색칠
한 곳에 블록을 하나 더 붙인 그림도 그려봅시다.

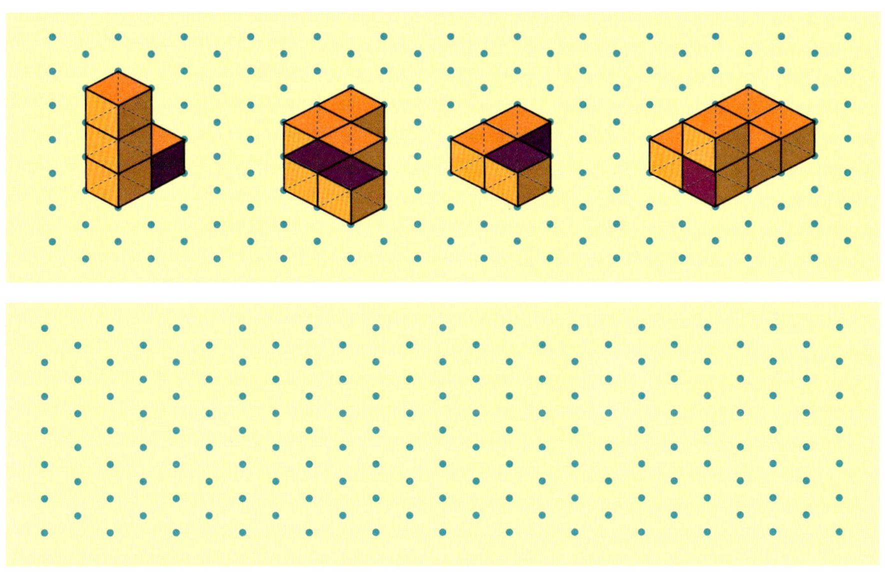

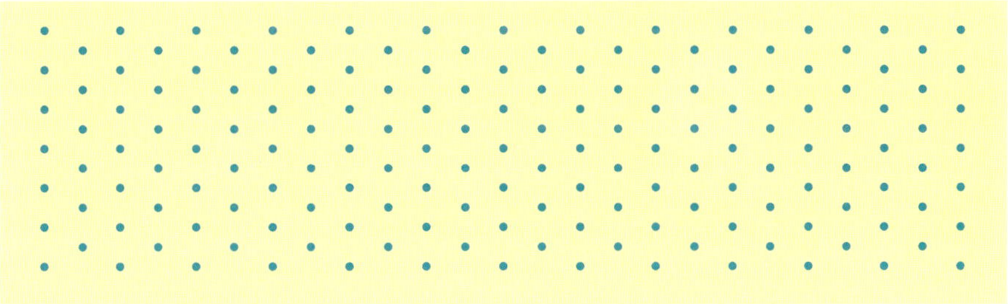

차라리 빵
이었으면 좋겠어~

박사님!
조금만 기다려요!!

다음은 왼쪽 위 네모 안의 두 모양을 결합하여 만든 입체도형입니다. 각 모양이 어떻게 결합된 것인지 색칠하여 구분해봅시다.

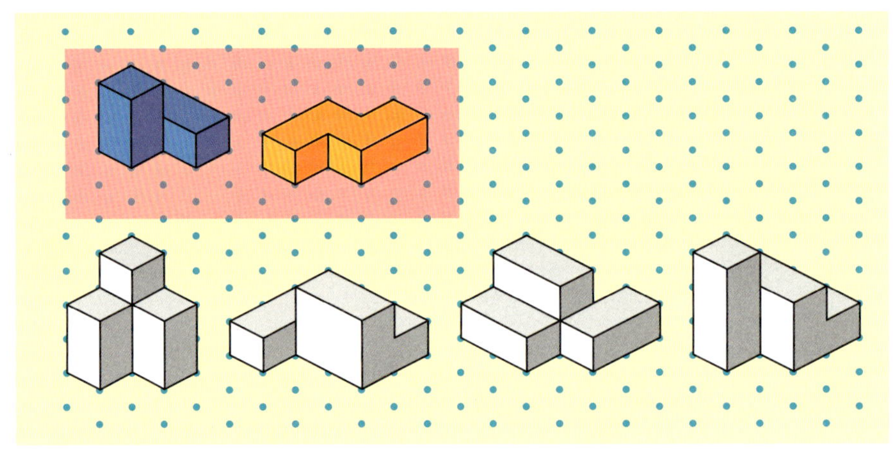

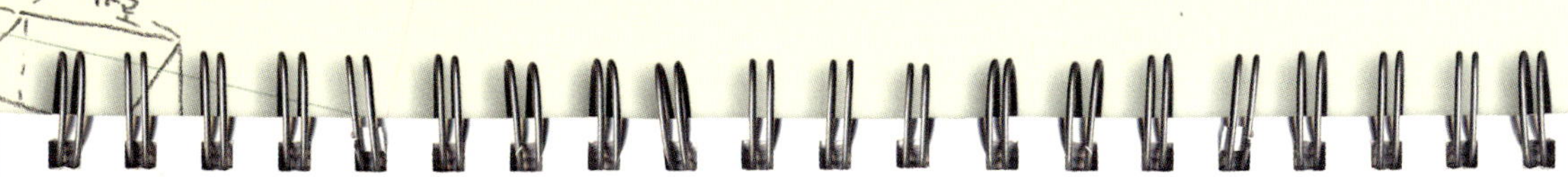

다음 그림은 앙골라의 전통 디자인입니다. 아프리카에서는 전통적으로 한 줄로 연결된 무늬를 그리곤 하였습니다. 이것을 연필을 떼지 말고 한 번에 그려봅시다.

어떻게 된 것인지 잘 모르겠다고요? 그렇다면 좀 더 단순한 디자인에서 시작해봅시다.

다음 그림은 한 줄로 연결된 선 디자인을 점판 위에 옮겨 그린 것입니다. 화살표 방향을 따라 좀 더 큰 그림을 그려봅시다. 다 그린 다음에는 정사각형이 모두 몇 개인지도 세어보세요.

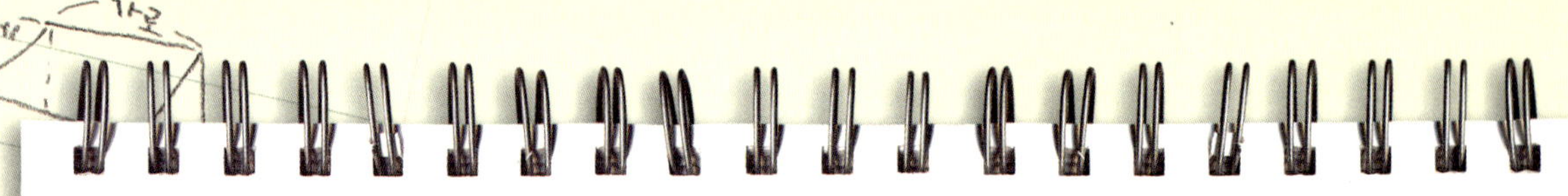

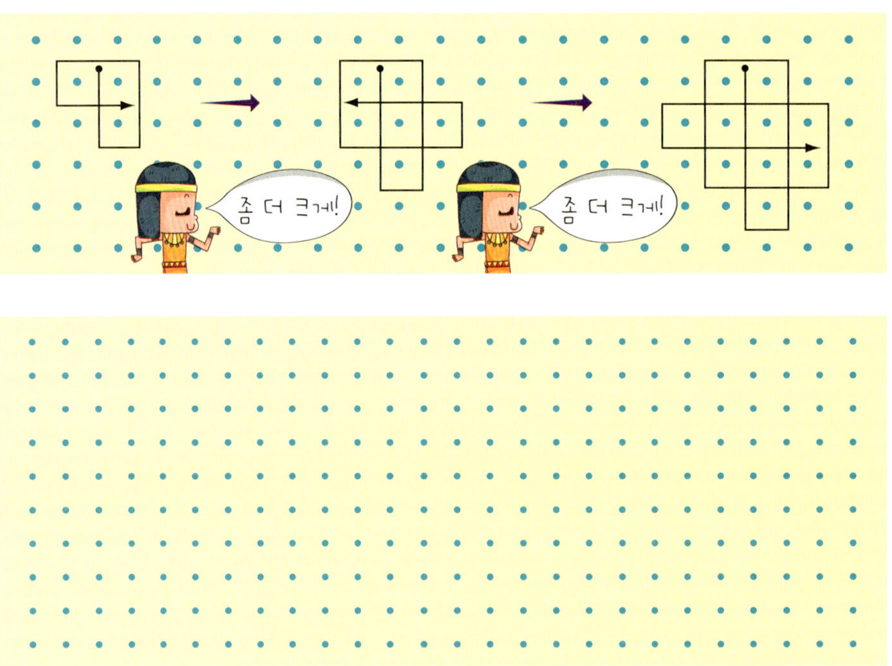

여러분은 그림 그리는 거 좋아하세요? 그러면 지금 방금 머릿속에 떠오르는 그림을 그려봅시다. 입체 그림을 그렸다면 평면 그림으로, 평면 그림을 그렸다면 입체 그림으로 생각을 바꿔가며 다시 그려보는 거예요. 이렇게 하다 보면, 생각하는 힘이 쑥쑥 커진답니다.

테셀레이션

아래에 있는 그림을 잘 살펴봅시다. 똑같은 모양의 조각 그림이 서로 맞물려서 공간을 빈틈없이 채우고 있습니다.

어떤 사람들은 이런 방식으로 제품을 디자인하고, 또 어떤 사람들
은 그림에 활용하기도 하는데, 특히 네덜란드의 화가 에셔라는 사람
이 이런 방식으로 많은 그림을 그려 유명해졌습니다.

모리츠 코르넬리스 에셔(Maurits Cornelis Escher, 1898~1972)

모리츠 코르넬리스 에셔는 1898년 네덜란드에서 태어났어요. 고등
학교 시절, 미술 선생님의 영향을 받아 그림을 그리게 됐지요. 에셔
에게 가장 큰 영향을 준 것은 알람브라 궁전이었어요. 1926년 스페
인 남부의 그라나다에서 무어 왕들의 옛 궁전인 알람브라를 본 뒤,
궁전의 벽과 마루를 장식한 타일의 모자이크에 완전히 빠져버린 것
이지요. 그 후 에셔는 테셀레이션의 방식으로 그림을 그리게 된 것
이랍니다.

이처럼 평면의 그림이나 도형을 빈틈없이, 그러면서도 겹치지 않
게 맞추어 반복해 그린 것을 테셀레이션이라고 합니다. 이것은 라틴
어의 테셀리 *tessellae* 에서 유래된 말로서, 정사각형 모양을 뜻합니다.
우리말로는 '쪽매맞춤' 이라고도 합니다.
　수학자들은 정삼각형과 정사각형, (정)육각형만이 주어진 공간을

빈틈없이 메울 수 있다는 것을 증명했습니다. 그렇다면 이들을 이용해서 어떻게 테셀레이션을 만들 수 있는지 알아봅시다. 테셀레이션을 만들기 위해서는 종이와 연필, 자, 가위, 풀, 물감 등이 필요합니다.

자, 준비되었나요? 그럼 먼저 정삼각형을 가지고 테셀레이션을 만들어봅시다.

첫째, 종이에 정삼각형을 빈틈없이 그려 넣습니다. 그리고 조각을 잘라놓습니다.

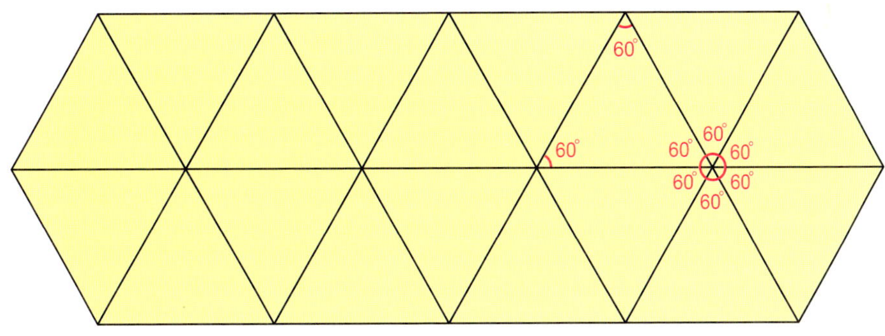

둘째, 하나의 정삼각형 조각에 모양을 도안해 넣습니다.

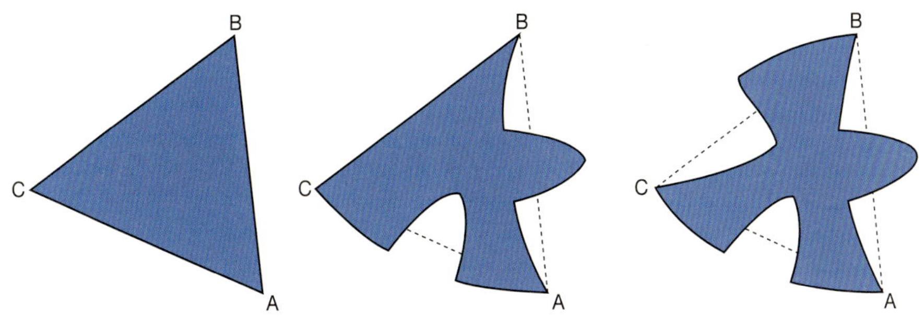

셋째, 정해진 도안을 다른 정삼각형에도 똑같이 그려 넣습니다. 그리고 각 조각을 빈틈없이 맞추고 원하는 색을 채워 넣어 그림을 완성합니다.

자, 이번에는 정사각형을 가지고 테셀레이션을 만들어봅시다. 방법은 앞에서 정삼각형 테셀레이션을 만들어본 것과 똑같습니다.

첫째, 정사각형을 빈틈없이 그려 넣은 후 조각을 잘라놓습니다.

둘째, 하나의 정사각형에 만들고 싶은 모양을 도안합니다.

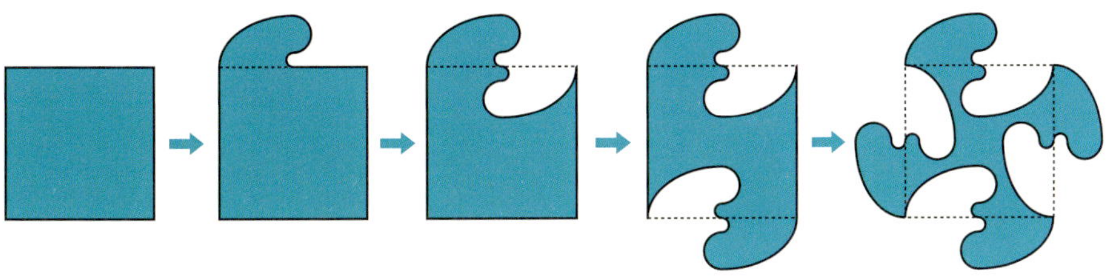

셋째, 정해진 도안을 다른 정사각형에도 똑같이 그려 넣은 후, 각 조각을 빈틈없이 맞추고 색을 채워 넣어 그림을 완성합니다.

그럼, 마지막으로 (정)육각형 테셀레이션을 만들어봅시다. 이것 역시 (정)육각형을 그리고, 각 조각마다 원하는 모양을 도안해 넣습니

다. 그리고 조각을 빈틈없이 맞춘 후 예쁘게 색칠하여 그림을 완성하
면 됩니다.

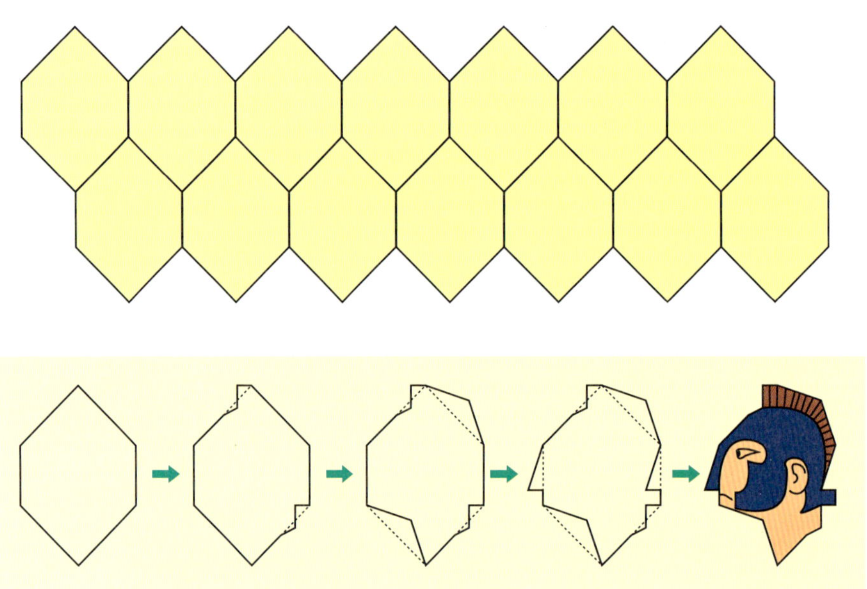

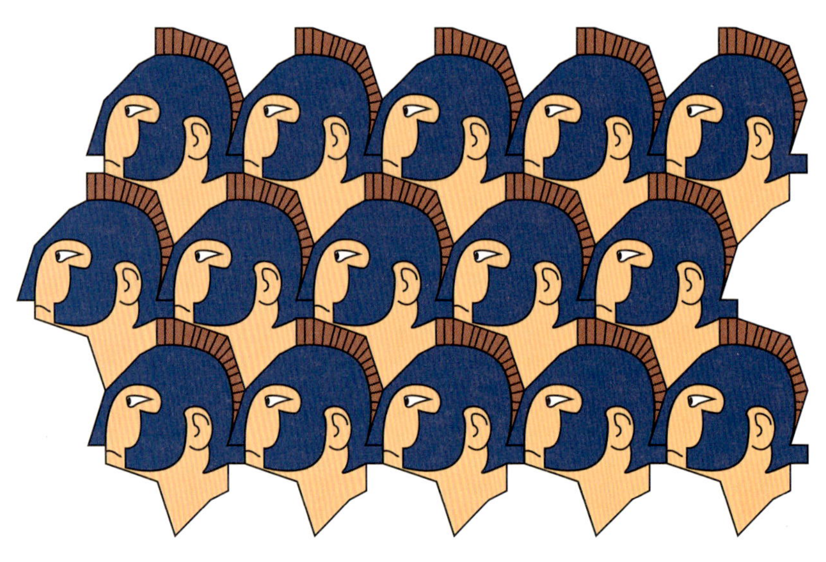

48

이처럼 테셀레이션 속에는 삼각형, 사각형 혹은 (정)육각형의 도형이 숨어 있습니다. 간단한 도형으로부터 이렇게 예쁜 디자인과 그림이 탄생할 수 있다는 게 여러분은 신기하지 않나요?

이렇게 수학은 언뜻 보기에 전혀 상관없어 보이는 것과도 깊은 관련을 맺고 있습니다.

자, 그럼 이번에는 어떤 도형이 또 숨어 있는지 다른 테셀레이션을 통해 살펴봅시다.

첫눈에 보기에 이것은 빨간색 정사각형과 이것보다 조금 작은 하늘색 정사각형, 이렇게 두 가지로 만들어진 것처럼 생각됩니다.

그런데 색깔에 혼동되지만 않는다면, 이 테셀레이션은 오른쪽과 같은 기본 모양으로 만들어졌다는 것을 알 수 있습니다.

다음의 그림을 잘 살펴봅시다. 이것은 어떤 기본 모양으로 만들어진 테셀레이션일까요? 앞에서 살펴본 것처럼 색깔에 혼동되지 않도록 주의해서 답을 찾아봅시다.

매년 겨울 하얗고 예쁜 눈송이들이 수없이 내립니다. 그런데 놀랍게도 그 모양은 모두 다 다르다고 합니다. 공기 중에 있는 수없이 많은 작은 입자들이 바람에 떠다니다가 수증기와 만나고 또 만나서 눈송이가 되는 것입니다.

▲ 눈 결정체

우리는 모눈종이에 다음과 같은 방식으로 눈송이가 만들어지는 과정을 그려낼 수 있습니다.

첫째, 하나의 정사각형에 빨간색을 칠합니다.

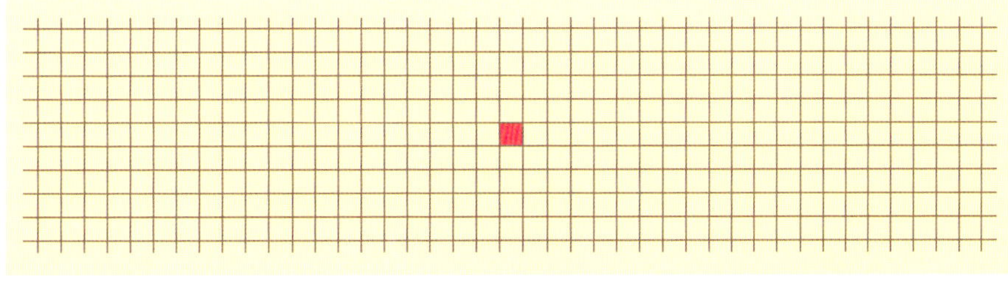

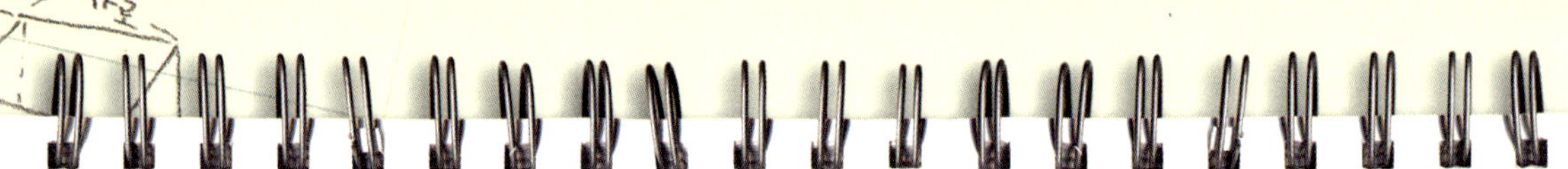

둘째, 이와 한 변만 맞닿는 4개의 사각형을 하늘색으로 칠합니다.

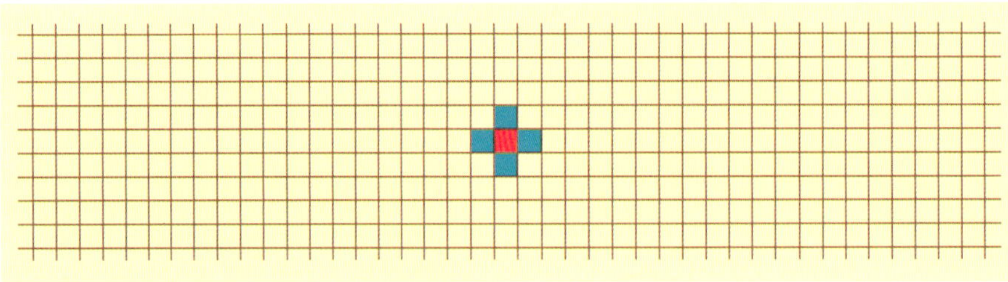

셋째, 다시 하늘색 사각형과 한 변만 맞닿는 사각형을 노란색으로 칠합니다.

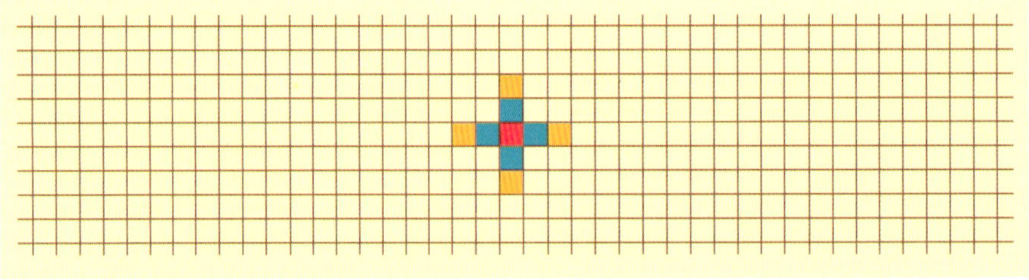

넷째, 노란색으로 색칠한 사각형과 한 변만 맞닿은 12개의 사각형을 파란색으로 칠합니다.

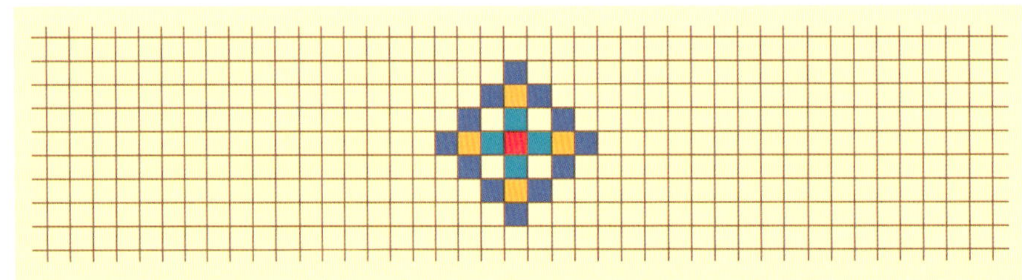

다섯째, 이와 같은 규칙을 다시 되풀이하여 그립니다.

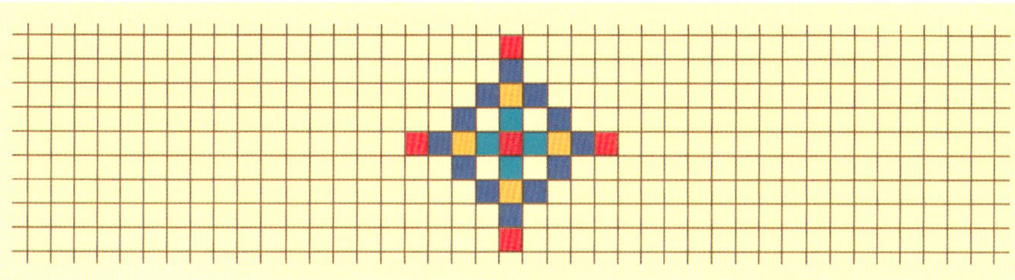

　자, 이번에는 여러분 차례입니다. 삼각형 모눈종이 위에 한 변이 맞닿는 삼각형을 활용하며 눈송이를 그려봅시다. 그리는 방식은 사각형을 이용했을 때와 동일합니다.

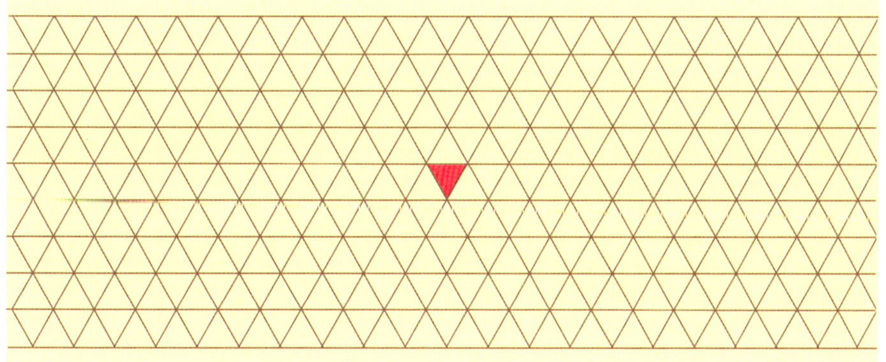

여러분은 혹시 주변에서 테셀레이션으로 모양을 낸 물건들을 본 적 있나요? 어떤 종류의 테셀레이션이 숨어 있었나요? 새로운 발견을 한 자신에게 칭찬 한마디 해주세요.

수학과 디자인

"자, 여길 보아라. 이것은 흔히 들 집에서 볼 수 있는 카펫이란다. 여기에도 수학이 들어 있는데, 과연 그게 뭘까? 잘 한번 보아라."

박사님이 진지한 얼굴로 물으셨습니다.

"앗, 알았어요! 이 모양은 선대칭이에요. 이것 보세요. 카펫을 가로나 세로로 반 접으면 양쪽의 모양이 일치해서 정확히 겹쳐져요."

▲ 선대칭 원리의 카펫

소라가 대답했습니다. 그
러자 혁이가 카펫의 반을 이리
저리 접어보며 "정말 반쪽 모
양이 서로 꼭 들어맞네" 하고
말했습니다.

"그래, 잘 맞혔다. 이뿐 아
니라 생활 속 수많은 물건과
건축물에서 수학적 아이디어
를 활용한 디자인을 볼 수 있
단다. 옆에 보이는 첫 번째 사
진은 선대칭을 활용해서 내부
를 디자인한 이슬람 사원의 모
습이란다. 그리고 두 번째 사
진은 절에 가면 흔히 볼 수 있

▲선대칭 원리의 이슬람 사원

▲선대칭 원리의 꽃무늬 창살

는 꽃무늬 창살이란다. 그 정교함과 화려함으로 많은 사람들의 시선
을 끌고 있지. 그런데 수학을 모르던 우리 옛 조상들이 선대칭을 디자
인에 활용했다는 게 신기하지 않니? 이처럼 어떤 때는 디자이너가 수
학적인 것인지도 모르고 무늬를 만들지만, 대부분의 경우에는 처음부
터 수학적인 아이디어를 가지고 디자인을 한단다. 자, 그럼 우리도 한
번 해보자."

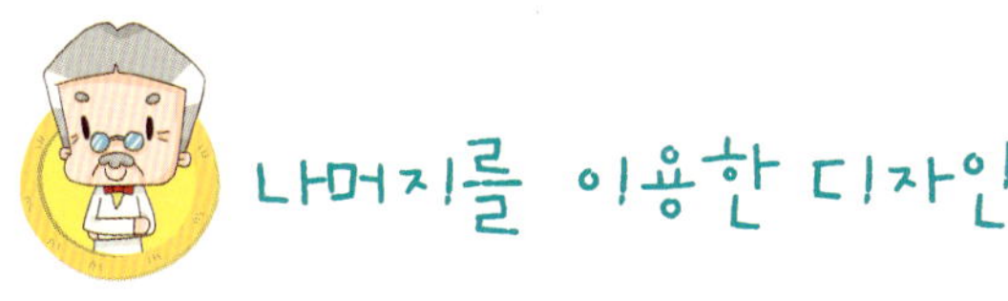

"다음은 원 위에 같은 간격으로 점을 찍고 번호를 매긴 다음 일정한 규칙에 따라 두 점을 이어나간 거란다. 선을 다 긋고 난 후엔 그림과 같이 번갈아 색을 칠해 무늬를 만들었지.

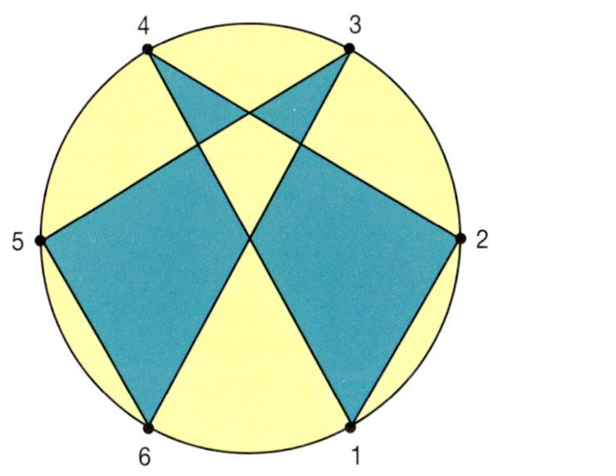
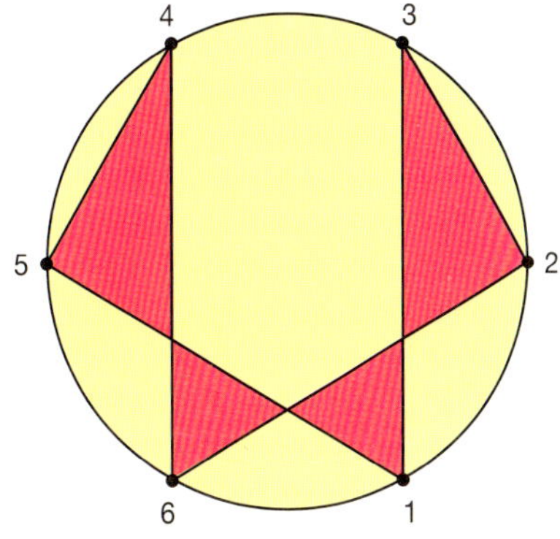

자, 그럼 첫 번째 그림에는 어떤 규칙이 있는 걸까?" 아이들이 머리를 맞대고 무엇인가를 적는 게 보였습니다. 그것은 다음과 같이 시작점과 도착점을 정리한 것이었습니다.

시작점	1	2	3	4	5	6
도착점	2	4	6	1	3	5

"이 표를 보면, 도착점은 시작점의 2배가 돼요. 그런데 시작점 4는 왜 도착점이 8이 아니라 1이 되는 거죠?"

미미가 고개를 갸웃거리며 물었습니다.

"하하하! 그게 바로 이 문제의 핵심이란다. 2 곱하기의 규칙을 찾은 것은 아주 잘했어. 하지만 그것만으로 이 문제를 완벽하게 설명할 수는 없단다. 원칙대로 한다면 4에서 시작한 선은 8과 연결되어야 해. 하지만 원에 찍힌 점을 보거라. 6까지밖에 없지? 자, 그럼 어떻게 해야 할까?"

박사님은 아이들이 스스로 생각해볼 수 있도록 잠깐 동안 침묵을 지키셨습니다.

하지만 아무도 대답이 없자 다시 설명을 시작하셨습니다.

"여기서 우린 나눗셈의 나머지를 활용해야 한단다. 먼저 규칙대로 4에 2를 곱한다. 그 다음 7로 나눠 거기서 나온 나머지를 도착점으로 삼는 거야. 그 다음도 마찬가지다. 이렇게 하면, 5는 3과, 6은 5와 연결되어 그림과 같은 디자인이 나타나게 되는 거야. 자, 그럼 두 번째 그림에는 어떤 규칙이 숨어 있는지 쉽게 찾을 수 있겠지?"

박사님의 질문에 철이가 손을 번쩍 들었습니다.

"제가 말해볼게요. 두 번째 그림의 시작점과 도착점을 정리하면 다음에 보이는 표와 같아요. 이것을 잘 살펴보면, 여기에는 3곱하기의 규칙과 7로 나눈 나머지의 규칙이 쓰인 걸 알 수 있어요." 철이가 정답을 말하자 박사님과 아이들은 모두 크게 박수를 쳐주었습니다.

시작점	1	2	3	4	5	6
도착점	3	6	2	5	1	4

 도전 1

자, 그럼 여러분도 위와 같은 방법으로 아래 규칙을 사용하여 원을 예쁘게 디자인해보세요.

1) 2곱하기 규칙과 11로 나눈 나머지의 규칙을 사용하여 아래 칸을 완성하고 디자인해보세요.

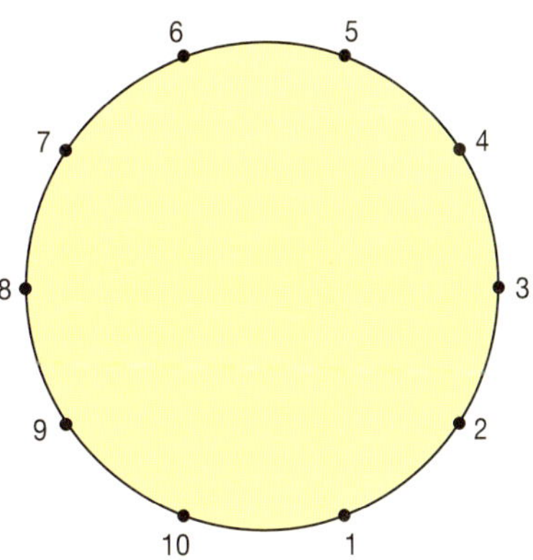

시작점	1	2	3	4	5	6	7	8	9	10
도착점	2			8	10			5		

2) 3곱하기 규칙과 11로 나눈 나머지의 규칙을 사용하여 아래 칸을 완성하고 디자인해보세요.

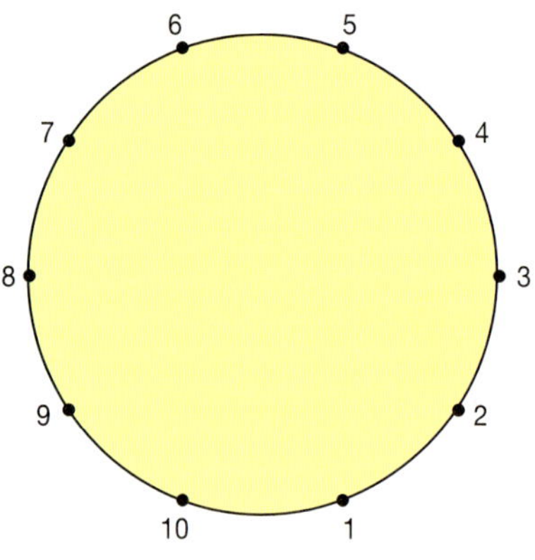

시작점	1	2	3	4	5	6	7	8	9	10
도착점		6		1		7		2		

별 디자인

"자, 그럼 이번에는 별 디자인을 한번 해볼까? 이것도 나눗셈의 나머지를 이용한 디자인처럼 원 위에 일정한 간격으로 점을 찍어 만드는 거야. 하지만 이때에는 번호를 붙이지 않는단다.

이 디자인은 한 점에서 시작해서 연필을 떼지 않고 모든 점을 연결한 뒤 다시 처음 점으로 돌아오는 거야. 그런데 여기서 중요한 것은 절대 중복해서 그리면 안 된다는 거란다. 이 디자인의 무늬는 선대칭이거나 점대칭이 돼. 물론 다 그리고 나서 예쁘게 색칠하는 것을 잊어서는 안 된다."

"우와, 원 안에 이렇게 많은 모양이 숨어 있을 줄은 몰랐어요."

아이들의 반응에 박사님은 빙긋 웃으며 말씀하셨습니다.

"더 다양한 별 디자인도 가능한데 한번 도전해볼래?"

다음 7개의 점을 가지고 별 디자인을 해봅시다. 모두 몇 가지가 나올까요?

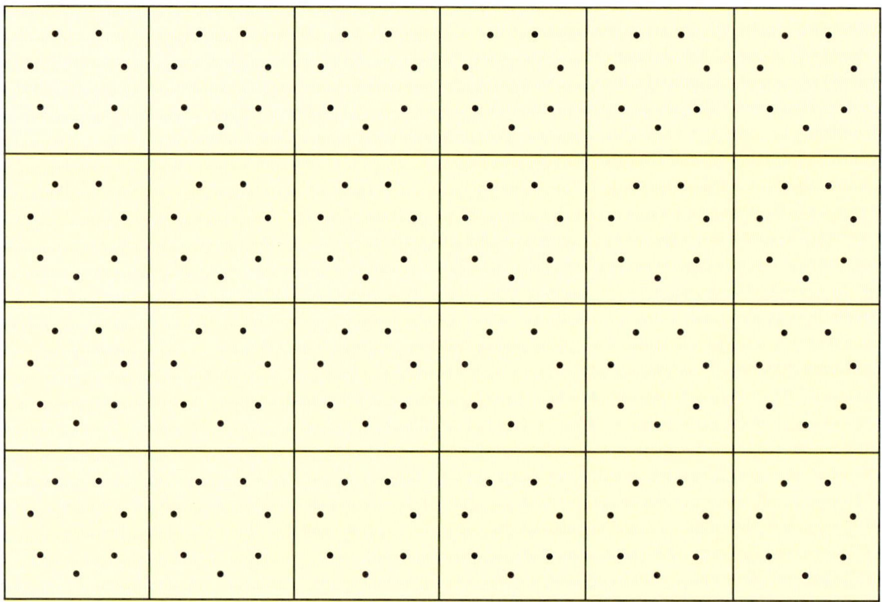

옵아트

"애들아, 너희들 혹시 '옵아트'라고 들어봤니?"

박사님의 질문에 아이들은 모두 고개를 저었습니다.

옵아트

옵아트는 옵티컬 아트를 줄인 말이에요. 옵티컬 아트를 우리말로 '시각적인 미술'이라고 하는데, 눈의 착각을 이용한 추상미술이라고 볼 수 있죠. 평행선이나 바둑판무늬와 같은 단순하고 반복적인 형태의 화면을 의도적으로 조작함으로써 그림이 움직이는 듯한 느낌을 불러일으키는 것이 바로 옵아트의 특징이에요.

"옵아트는 20세기 중반에 등장한 추상미술 중 하나인데, 여기에서도 수학을 찾아볼 수 있단다. 자, 다음의 그림을 보렴. 첫 번째 그림에는 평행선만 그어져 있지? 여기에 세로로 다시 선을 그어주고, 두 가지 색을 번갈아 칠해주면 세 번째 그림처럼 예쁜 무늬가 나타난단다. 이것이 바로 옵아트야.

 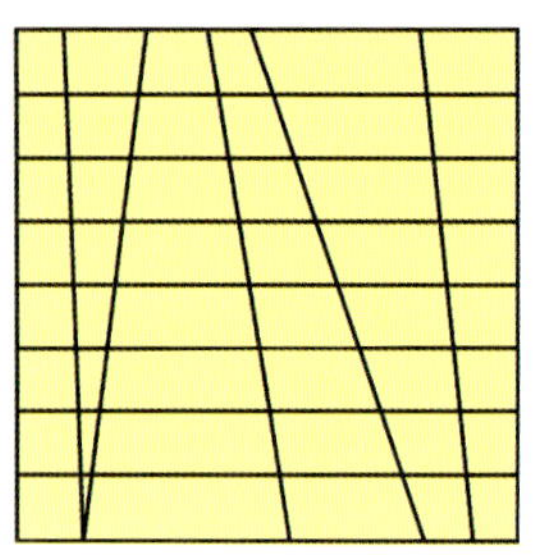 

 도전 3

자, 이젠 여러분이 직접 옵아트 작품을 만들어봅시다. 다음의 사각
형과 원을 적절히 색칠하여 예쁜 무늬를 디자인해보세요.

 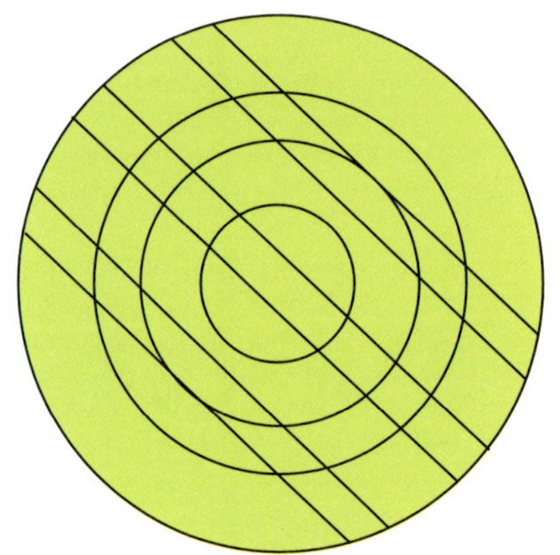

작도를 이용한 로고 만들기

"얘들아, 이번에는 작도를 통해 예쁜 모양을 디자인해보자꾸나. 자, 먼저 다음과 같이 정육각형을 작도해두렴."

박사님이 한 손에는 자, 다른 한 손에는 컴퍼스를 쥐고서 말씀하셨습니다. 아이들은 모두 열심히 작도하기 시작했습니다.

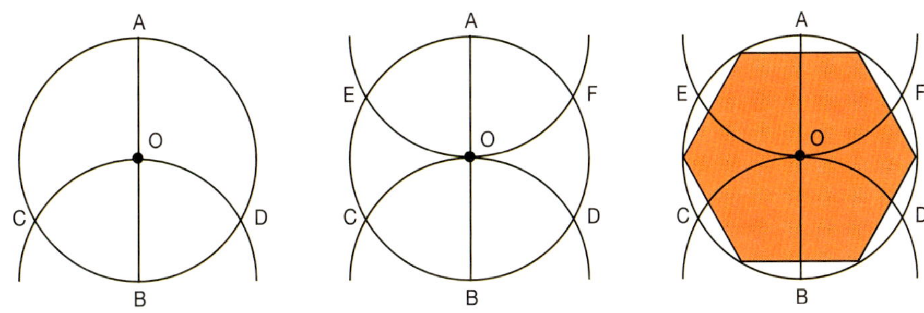

"다 했어요. 그 다음엔 어떻게 하죠?" 혁이가 물었습니다.

"그러면 정육각형에 자를 대고 이리저리 선을 그어 모양을 만들어내는 거야. 그리고 예쁘게 색칠하면 너희들만의 독창적인 디자인이 탄생하게 되는 거란다."

"박사님, 저는 별 모양을 만들었어요." 미나가 크레파스로 색칠을 마치고 그림을 들어올리며 말했습니다.

옆에 있던 미미도 "저도 꽃 모양을 만들려고 해봤어요" 하고 말했습니다.

"그래그래. 자, 보렴. 똑같은 정육각형에서 별 모양도 나오고 꽃 모양도 나오고 하지? 게다가 어디에 어떤 색을 칠하느냐에 따라서도 더욱 다양한 무늬가 생기게 된단다." 박사님께서 다양한 디자인을 가리키며 말씀하셨습니다.

"박사님, 정육각형 작도 말고 다른 도형을 작도했을 때에도 이렇게 예쁜 무늬를 만들 수 있을까요?" 소라가 물었습니다.

"참, 좋은 질문이야. 그렇게 궁금한 게 많을수록 더 많이 생각하고 새로운 것을 배우게 되는 거란다. 우리 어디 한번 정팔각형을 작도해서 디자인해볼까?" 박사님은 이렇게 제안하시고 정팔각형을 작도하시더니, 이곳저곳을 예쁘게 색칠하기 시작하셨습니다.

"자, 이것 좀 보렴. 정육각형 작도보다 훨씬 더 복잡하지? 하지만 그만큼 색을 칠할 부분도 많아 꼼꼼하게 색을 채워가다 보니 훨씬 화려한 모양이 나타났단다."

박사님 말씀에 혁이가 팔각형 작도에 색을 칠하며 말했습니다.

"이처럼 단순한 도형에서 이렇게 예쁘고 화려한 디자인이 나온다는 게 참 신기해요. 게다가 이것을 제 손으로 직접 만들 수 있다는 게 더욱 놀랍고요."

다른 아이들도 모두 혁이의 말에 동의한다는 듯 고개를 끄덕거렸습니다.

 ## 도전 4

지금까지 박사님과 아이들이 그린 작도를 활용해 여러분도 자신만의 무늬를 디자인해보세요.

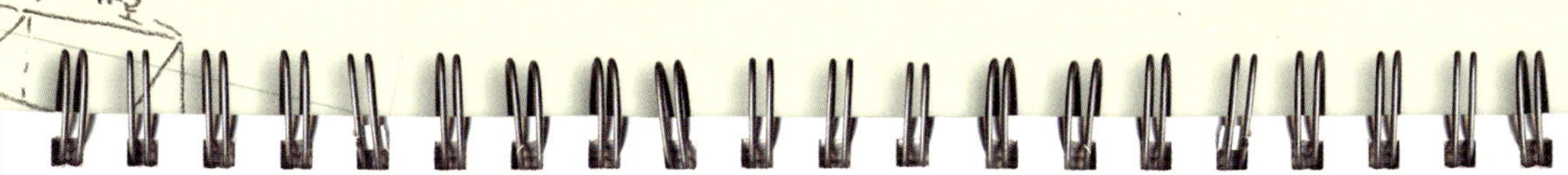

다음은 원 위에 정구각형을 작도한 것입니다. 나누어진 부분에 색을 칠하여 여러분만의 무늬를 디자인해봅시다.

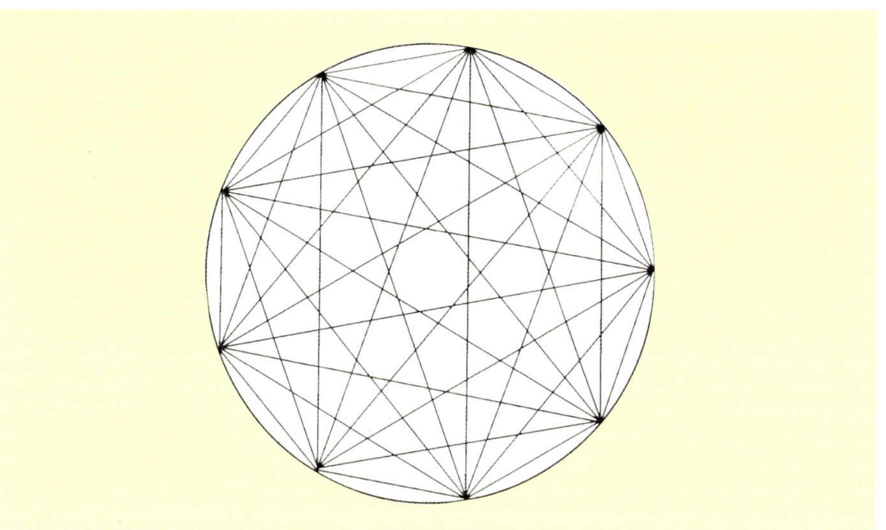

이렇게 아름다운 디자인 속에도 수학이 숨어 있답니다. 앞으로도 예쁜 그림이나 디자인을 볼 때에는 그 안에 어떤 수학이 담겨 있나 생각해봐요.

닮음과 변환, 그리고 안밖 구분하기

박사님과 아이들은 방학을 맞아, 제주도로 여행을 떠났습니다. 버스도 타고 처음으로 비행기도 타본 아이들은 빨리 제주도에 도착하기만을 기다렸습니다.

"와, 제주도다!" 아이들이 흥분하여 소리쳤습니다.

"박사님 어디부터 가죠? 한라산도 가고 바다도 보고 싶어요." 혁이가 큰 소리로 말했습니다.

"그래, 모두 가보자꾸나. 그러면 먼저 제주도에서 유명한 미니어처의 세계로 떠나볼까?"

박사님의 말씀에 "그게 뭐예요?" 하며 미나가 궁금증이 가득한 얼굴로 물었습니다.

▲제주도의 미니어처 공원

"응, 그건 실제 있는 건물들을 자그맣게 축소하여 만들어놓은 걸 말해. 우선 직접 보고 이야기하자."

박사님과 아이들은 차를 타고 미니어처 공원으로 향했습니다.

"우와, 신기하다! 마치 우리가 소인국에 온 것 같아요."

공원에 들어서자마자 아이들은 놀란 눈으로 여기저기 두리번거리기 시작했습니다.

"그렇지? 이것은 실제의 모양 그대로지만 아주 작게 축소해놓은 것이란다. 이렇게 실제와 같지만 크기가 다른 모양을 닮음이라고 하지."

박사님의 설명에 소라가 "그렇다면 우리를 찍은 사진은 우리와

'닮음' 이 되는 건가요?" 하고 물었습니다.

"그렇지, 바로 그거야. 그뿐 아니라 우리가 컴퓨터에서 그림을 확대하거나 축소하는 것, 복사기로 서류를 크게 하거나 작게 하는 것 모두가 닮음이란다." 박사님은 크기가 서로 다른 똑같은 그림을 보여주며 말씀하셨습니다.

"자, 그런데 복사기를 이용하지 않아도 거의 원본과 똑같이 그림을 축소하거나 확대할 수 있단다. 그렇게 하기 위해서는 모눈종이가 필요하지. 모눈의 칸마다 그려진 그림을 좀 더 크거나 작은 모눈에 한 칸 한 칸 그대로 따라 그리다보면, 나중에는 자신도 모르게 확대되거나 축소된 그림이 완성된 것을 발견하게 될 거야. 다음 모눈종이 위에 그려진 그림을 보렴. 가운데 것은 한 변이 10mm인 모눈종이에 그린 거란다. 그리고 왼쪽은 8mm 모눈에 축소해 그린 것이고, 오른쪽은 12mm 모눈에 확대해 그린 거야."

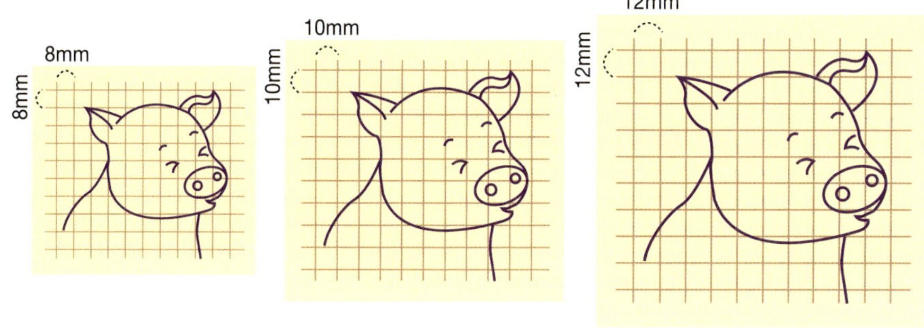

도전 1

여러분도 도전해보세요. 먼저 한 변이 8m인 모눈종이 위에 다음의 그림을 축소해 그려봅시다.

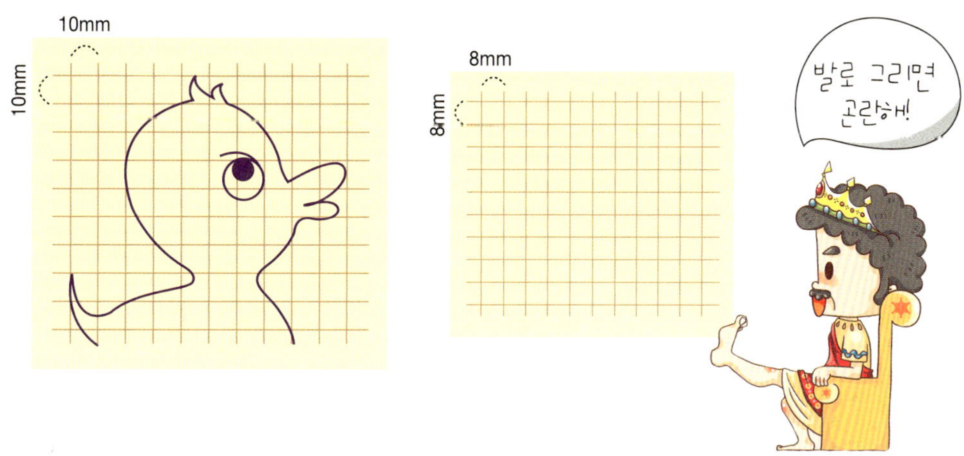

이번에는 반대로 한 변이 12m인 모눈종이 위에 그림을 확대하여 봅시다.

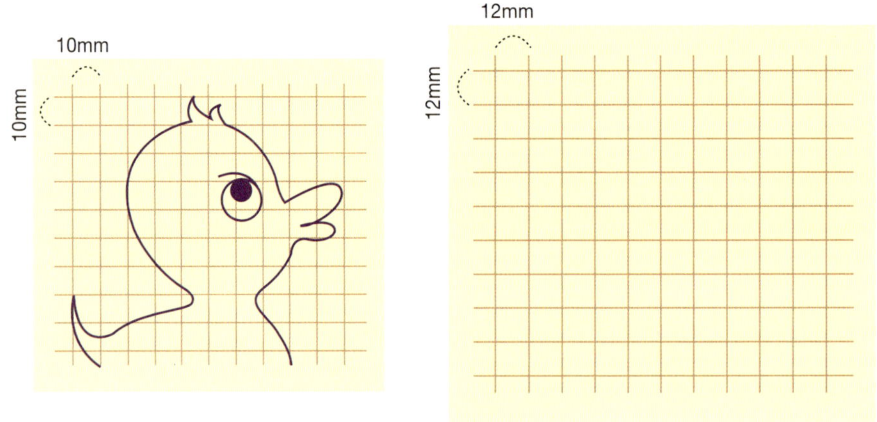

"자, 직접 해보니 모눈종이에 모양의 변화 없이 크기만 키우거나 줄이는 건 쉽지? 그런데 이것보다 조금 어려운 게 있어.

일단 다음 그림을 한번 보렴. 여기저기서 잡아당기는 것처럼 모눈종이가 비틀어졌지? 그래서인지 그림의 모양 역시 변형돼 있는데, 이것을 우린 변환이라고 한단다. 하지만 이때에도 정상적인 모눈종이의 그림을 모눈 한 칸 한 칸 따라가며 그리다보면, 어느새 변환된 그림을 완성하게 되지.

너희들도 아래 그림을 비틀어진 모눈종이에 그려보기 바란다.

보기만 하면 쉬워보여도, 직접 해보면 그렇지 않은 경우가 많잖니?
자, 모두 한번 도전해보자!"

 어디가 안이고 어디가 밖이지?

철이네 삼촌은 야생동물들을 보호하는 데 누구보다 앞장을 서시는 분
입니다. 어느 날 삼촌은 마을 뒷산에 골프장이 생긴다는 소식을 듣고
무척 걱정을 하셨어요. 그 뒷산에는 두더지들이 많이 살고 있었거든
요. 삼촌은 두더지들을 잡을 수만 있다면 더 안전한 곳으로 데려가서
살게 할 수 있다고 생각했어요.

하지만 땅속에 사는 녀석들을 잡기란 그리 쉬운 일이 아니잖아요? 그래서 삼촌은 지렁이를 미끼로 삼아 덫을 놓기로 했어요. 지렁이는 두더지가 가장 좋아하는 먹이거든요. 삼촌은 두더지 굴에서부터 소용돌이 모양으로 뱀처럼 기다랗고 구부러진 길을 만들었습니다.

두더지가 굴에서 나와 길을 따라가면 자연스럽게 덫까지 가는 거예요. 이 길 양쪽에는 철사줄로 담장을 만들어 두더지가 다른 데로도 도망가지 못하게 만들었습니다.

"이렇게 하면 녀석들이 잘 따라올 수 있을 거야." 삼촌은 자신 있게 말했지만, 손가락으로 두더지가 올 길을 따라가보니, 글쎄 덫이 나오지 않는 거예요. 그래서 삼촌은 아까와는 약간 다르게 길을 만들었어요. 그리고 다시 손가락으로 따라가보니 이번에는 덫이 제대로 나오게 되었습니다.

자, 여기서 질문입니다.

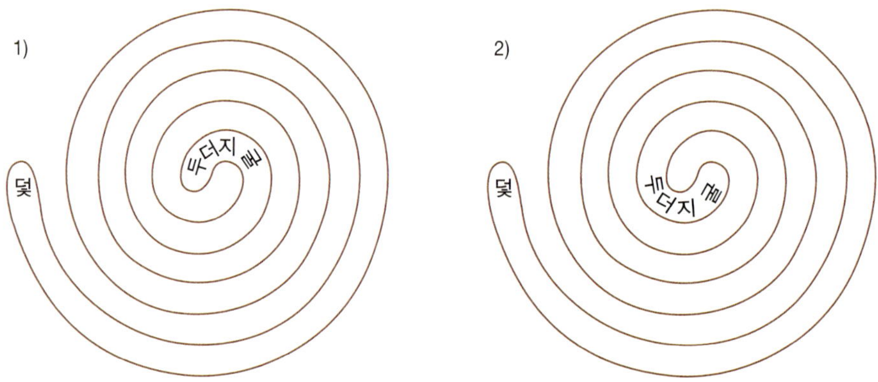

앞의 그림은 삼촌이 만든 두 가지 길입니다. 어느 것이 제대로 만들어진 길인지 찾아보세요.

자, 여기 제시된 '두더지 집 찾아주기' 문제에는 하나의 규칙이 숨어 있습니다. 그것이 무엇인지 자세히 한번 알아볼까요?

2개의 그림 위에 두더지 굴이 지나가도록 자를 놓습니다. 그리고 두더지 굴에서 맨 마지막 담장 밖까지 자가 담장을 몇 번이나 넘는지를 세어봅니다.

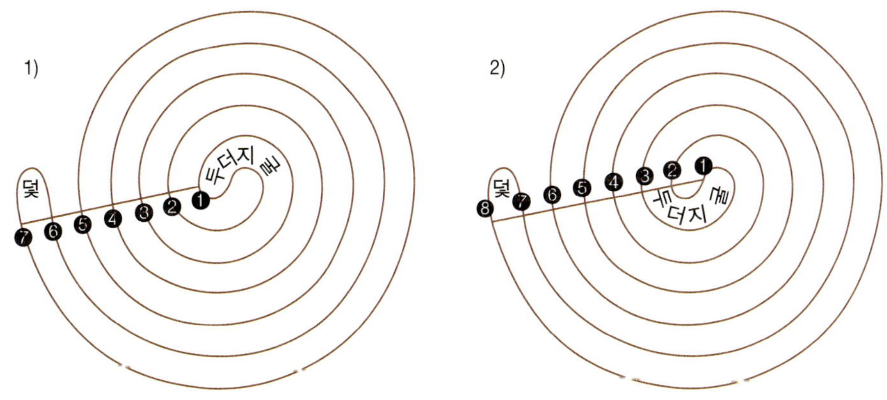

첫 번째 그림은 모두 7번을 넘어갔습니다. 이렇게 홀수가 될 때에는 두더지가 도망갈 수 없게 됩니다.

두 번째 그림은 덫까지 가는 길의 담장이 고리처럼 생겼기 때문에 자는 모두 8번 담장을 지나게 됩니다. 이렇게 짝수일 때 삼촌은 두더지를 잡을 수 없습니다.

홀수와 짝수에 따라 결과가 달라지는 홀수-짝수 법칙에는 어떤 비밀이 있는 걸까요?

자, 그럼 두더지 덫까지 가는 길을 다시 한번 자세히 살펴봅시다. 그것은 단지 평범한 소용돌이 모양의 도형이 아니라 원 모양의 도형을 잡아 늘인 것임을 알 수 있습니다. 여러분들의 이해를 돕기 위해 좀 더 도형을 단순화하여 설명해 보겠습니다. 아래 세 개의 그림을 봅시다. 첫 번째 원의 경우, 임의의 점이 선을 한 번 지나게 되는데, 이런 상황에서 보면 점은 선 안에 있어 밖으로 나갈 수 없습니다.

두 번째는 어떤지 한번 볼까요? 임의의 점은 선을 두 번 지나게 되어 있습니다. 이 경우는 굳이 점이 선을 지나지 않더라도 이미 바깥에 있으므로 선 밖에서 자유롭게 움직일 수 있는 것입니다.

마지막으로 세 번째는 선을 세 번 지나게 됩니다. 이 역시 점은 선 밖으로 나갈 수 없지요? 이렇게 계속 지나는 선의 개수를 늘려가며 확인해보면, 홀수 개수의 선을 지날 때에는 점이 원 안에 있어 밖으로 나가지 못하고, 짝수 개의 선을 지날 때에는 밖으로 나갈 수 있다는 결론을 얻게 됩니다.

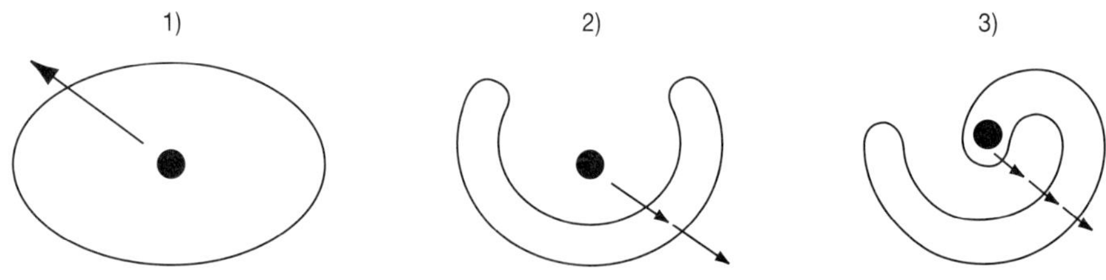

자, 그렇다면 지금까지 배운 것을 게임에 적용해 봅시다. 두 사람씩 짝을 지은 다음, 아래와 같이 해보세요.

첫째, 각자 종이 한 장과 긴 실(200미터 이상)을 준비합니다.

둘째, 실의 양쪽 끝을 매듭지어 묶습니다.

셋째, 매듭지어진 실로 종이 위에 원을 그린 후 잡아 늘여 변형된 도형을 만듭니다.

넷째, 이 도형의 구부러진 한쪽 끝에 중심점을 찍고, 임의의 한 점을 잡습니다.

다섯째, 상대방의 도형에서 임의의 점이 중심점과 같은 안쪽 점인지, 또는 바깥쪽 점인지를 맞춰봅시다. 이때 응답자는 직관적으로 확

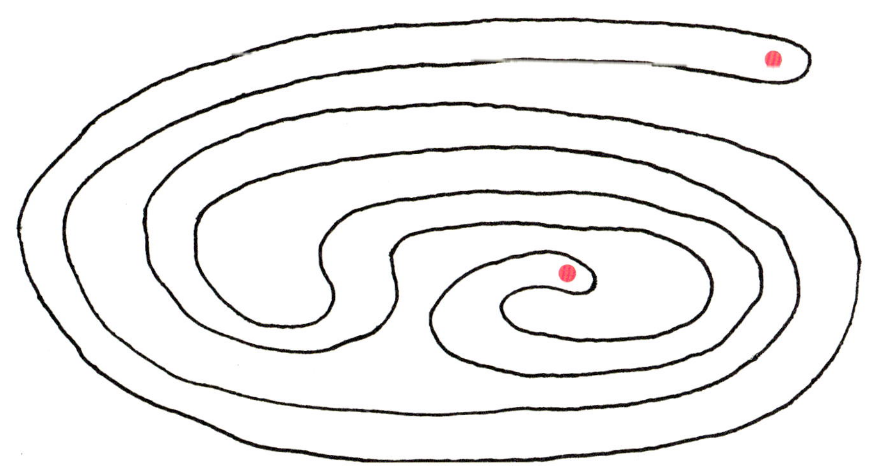

인한 후 즉시 답을 해야 합니다.

여섯째, 두 도형 모두 '홀수–짝수 법칙' 으로 확인해봅시다. 이때 손가락으로 직접 따라가며 확인해볼 수도 있습니다.

두 문제를 모두 같이 확인합시다.

 ## 도전 4

이번에는 좀 더 복잡한 그림입니다. 어느 길이 어디와 연결돼 있는지 한눈으로 봐서는 도무지 알 수 없을 만큼, 구불구불한 길이 복잡하게 엉켜 있습니다. 그림 안쪽에 예쁜 별이 보이지요? 알파벳 C도 찾았습니까?

자, 이제부터 문제입니다.

그럼 별은 알파벳 C자처럼 곡선 안에 있는 걸까요, 바깥에 있는 걸까요? 다시 말해 별과 C자 모두 담장 안에 있는 걸까요, 아니면 담장에 막혀 분리돼 있는 걸까요? 홀수-짝수 법칙을 이용해서 답을 찾아보세요.

도전 5

몇 가지 문제를 더 풀어봅시다.

1) 다음 알파벳은 모두 밖에 있을까요, 안과 밖에 나눠 있을까요?

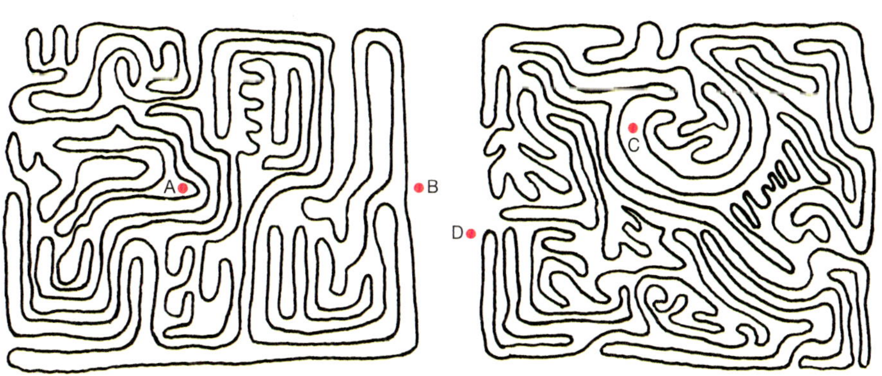

2) 둘 다 밖에 있는 알파벳은 무엇입니까?

1. A, B   2. B, C   3. D, C   4. B, D

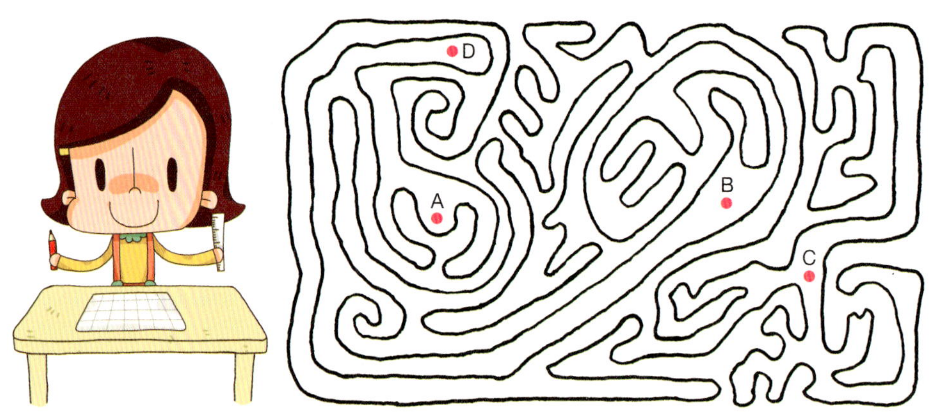

다음 그림과 같이 두 사람이 손목에 느슨하게 끈을 묶고, 엇갈려 있습니다. 끈을 끊거나 풀지 않고 서로에게서 떨어질 수 있을까요? 그것이 가능하다면 어떻게 된 것일까요?

어떤가요? 홀수–짝수의 법칙은 신기하고도 재미있지요? 여러분이 이해한 것을 단짝 친구에게만 살짝 알려주세요. 그리고 소중한 지식을 친구와 나눈 자신을 칭찬해주세요.

한붓그리기

"박사님 질문이 있어요. 우리가 지하철을 타고 가다보면 터널을 통해 산을 지나가기도 하고, 강을 건너기도 하잖아요. 근데 왜 지하철 노선도를 보면 모두 다 직선으로 간단하고 비슷하게 그려져 있어요?" 혁이가 의심스러운 얼굴을 하며 물었습니다.

"오, 아주 좋은 질문이다. 옛날 영국에서 처음 지하철을 만들었을 때 이것을 안내하는 지도가 필요했는데, 이를 도안하는 사람이 이렇게 그림을 그려왔단다. 그러자 이것을 본 사장님이 뭐라 했을까?

그래, 상상한 그대로야. 당장 갖다 버리라고 했지. 그래서 이 노선도는 써보지도 못하고 사라져버렸지. 그런데 나중에 생각해보니 지하철 노선도에서 사람들이 알고 싶은 것은 단지 '지하철이 어떻게 연결되어 있나, 다음 역은 어디인가, 어디서 다른 노선으로 갈아탈까' 같은 것들뿐이었어. 그래서 지하철 노선이 실제 길처럼 구불구불하고 복잡하게 지도 위에 그려지는 것보다 단순하게 그려진 것이 훨씬 편리하다는 걸 깨달았던 거지. 이렇게 해서 오늘날과 같은 지하철 노선도가 만들어졌단다."

"그렇군요. 이제 잘 알겠어요." 혁이가 활짝 웃으며 말했습니다.

"그럼 얘기가 나온 김에 좀 더 짚어보고 가자. 지하철 노선도를 그릴 때 가장 중요한 것은 각 역의 위치와 그 위치점들의 연결 상태를 나타내는 거란다. 우리는 이것을 철도망 또는 철도그물이라 부르지. 이 망은 우리가 목적지에 제대로 가려면 몇 호선의 지하철을 타야 하는지, 또 어떤 곳에서 갈아타야 하는지를 가르쳐준단다.

이런 식으로, 어떤 사물의 모양이나 표면의 성질에 상관없이 위치와 연결 상태만으로 그것을 연구하는 수학 분야가 있는데, 이를 위상수학이라고 한단다. 이 말은 위치의 연구를 뜻하는 그리스말에서 유래한 거야.

현재 이 위상수학은 수학의 다른 많은 영역뿐만 아니라 과학에도 깊숙이 침투해 있어. 그런데 재미있는 것은 이 학문이 생활 속의 문제를 해결하는 것에서 시작됐다는 거야. 그것이 바로 그 유명한 쾨니히스베르크의 다리 문제라는 거지."

위상수학

위상수학은 공간에서의 위치, 거리를 다루기 위해 만들어진 수학 분야예요. 이 분야에서 잘 알려진 공식 중의 하나는 구멍이 없는 다면체에서 꼭짓점의 수와 면의 수를 더해 변의 수를 빼면 항상 2가 된다는 것인데요. 여러분, 정육면체를 예로 들어 생각해볼까요? 정육면체의 꼭짓점 수 8과 면의 수 6을 더하면 14, 여기에 변의 수 12를 빼면 2가 나오죠. 자, 어때요? 이 공식이 딱 들어맞죠? 아, 만약 1개의 구멍이 있는 다면체의 경우에는 0이 된답니다.

"쾨니히스베르크의 다리요? 그게 어디에 있는 다리예요? 다리 문제하고 수학이 무슨 관련이 있다는 거죠?

혁이는 어려운 다리 이름이 나오자 더 궁금해하며 물었습니다.

"옛날 독일의 프레겔 강가에는 쾨니히스베르크라는 도시가 있었단다. 이 도시는 2개의 섬으로 이루어졌는데, 그림에 나타난 것처럼 한 섬은 각 강둑에 하나씩의 다리 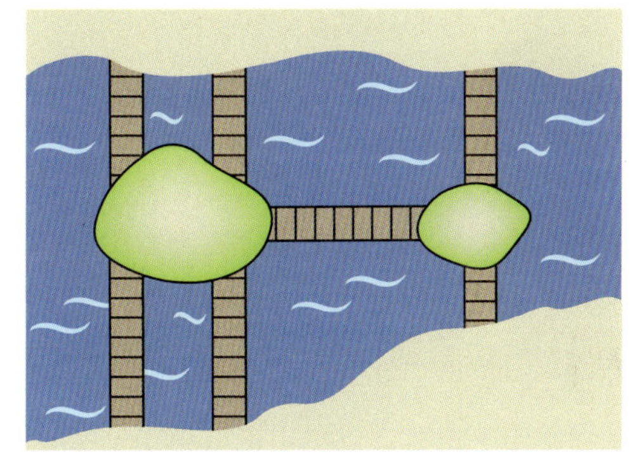 로 연결되어 있고, 다른 섬은 각 강둑에 2개씩의 다리로 연결되어 있었어.

이 마을 사람들은 오래전부터 해마다 전통 축제를 준비해왔단다. 다양한 행사들 가운데 가장 사람들이 좋아했던 것은 흥겨운 축제 행렬이 7개의 다리를 건너서 그 마을의 중요한 역사적 유적지를 도는 거였어. 그런데 이 유적들이 여기저기 퍼져 있어서 이곳을 다 돌려면 여간 힘든 게 아니었어. 그래서 사람들은 이 7개의 다리를 단 한 번씩만 지나가려고 해보았어. 하지만 오랫동안 아무도 성공하지 못했고, 1736년에 마침내 스위스의 수학자 오일러가 이것이 불가능하다는 것을 밝혀냈단다. 오일러는 이 문제를 푸는 과정에서 점과 연결선만으로 그려진 그물을 이용했는데, 이것이 나중에 위상수학으로 발전한 거지."

"지금까지 하신 말씀만 들어서는 잘 모르겠어요. 오일러가 어떻게 쾨니히스베르크의 다리 문제를 풀었는지, 좀 더 구체적으로 설명해주실 수 있으세요?" 혁이의 요청에 박사님은 선뜻 설명해주셨습니다.

레온하르트 오일러(Leonhard Euler, 1707~1783)

레온하르트 오일러는 스위스 바젤에서 태어난 수학자이자 물리학자, 천문학자예요. 요한 베르누이의 제자가 되어 수학자의 길을 걷게 된 오일러는 역사상 가장 많은 업적을 남긴 천재 수학자로 기억되고 있죠. 이런 오일러의 업적을 기리기 위해 스위스의 10프랑 지폐에는 오일러의 초상이 그려져 있고요, 1957년에는 오일러 탄생 250주년을 축하하기 위해 기념우표가 발행되기도 했답니다.

"오일러는 먼저 강의 모양이나 다리의 정확한 실제 위치가 문제를 해결하는 데 아무런 관련이 없다는 것을 알았어. 그래서 각각의 다리가 연결되는 방법만을 고려해서 그림을 단순하게 만들었단다. 다음에 나온 그림이 바로 오일러가 쾨니히스베르크의 다리를 보고 그린 그물 그림이란다. 그는 강으로 나누어진 육지의 각 부분을 점으로 표시하고 다리는 그 점들을 잇는 선으로 표시했어."

"우와, 신기해요!"

"그렇지? 자, 그럼 이제 본격적으로 그물 그림을 이용해서 복잡해 보이는 쾨니히스베르크의 다리 문제를 풀어보자꾸나."

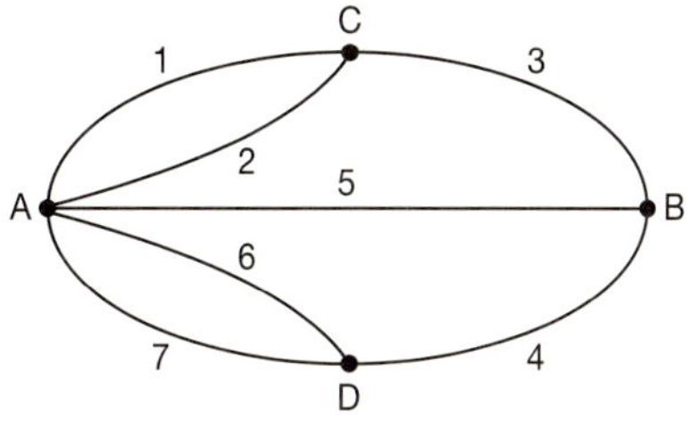

"네!" 혁이는 잔뜩 기대하며 박사님께 좀 더 가까이 다가와 귀 기울였습니다.

"그물 그림에서 꼭짓점들을 A, B, C, D라고 놓으면 각 꼭짓점을 지나가는 선의 수는 A는 5개, B는 3개, C는 3개, D는 3개가 된단다. 그렇지? 자, 여기서 오일러는 각각의 점들을 두 가지 종류, 즉 짝수점과 홀수점으로 나누었어. 이때 짝수점은 한 꼭짓점에 연결된 선의 수가 짝수 개인 점, 홀수점은 한 꼭짓점에 연결된 선의 수가 홀수 개인 점을 말하는 거란다.

지, 짝수점에서는 늘 두 선이 짝이 되기 때문에 일단 한 선으로 들어오면 다른 한 선으로 반드시 나갈 수 있지. 하지만 홀수점에서는 들어온 후 나가지 못하는 선이 반드시 1개 생기게 돼. 따라서 홀수점이 하나도 없는 도형은 어떤 점에서 출발하더라도 선을 타고 다른 점을 지나쳐갈 수 있고, 다시 출발한 점으로 돌아가 끝나게 되는 한붓그리기를 할 수 있는 거란다. 자, 혁아, 그럼 아래 그림은 한붓그리기를 할 수 있을까?"

혁이는 열심히 각 꼭짓점에 연결된 선의 수를 세어보았습니다.

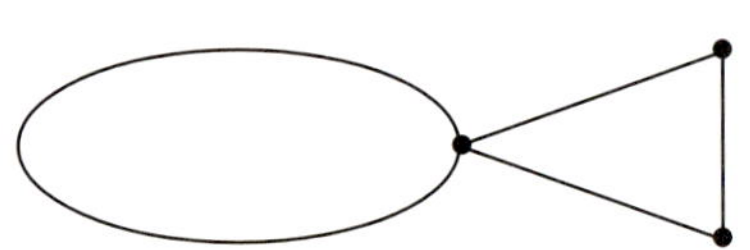

"네. 3개의 꼭짓점 모두 짝수점이에요. 어디 한번 그려보면……. 와, 정말 한붓그리기가 돼요!"

"그렇지? 그런데 한 가지 예외가 있는데, 홀수점의 개수가 2개인 도형만은 한 홀수점에서 출발하여 다른 한 홀수점에서 끝나도록 한붓그리기를 할 수 있다는 거야. 그 외의 경우에는 '들어가고 나오기' 위한 쌍이 짝을 이루지 못하기 때문에 한붓그리기가 불가능하단다. 다음 그림에 한붓그리기를 해볼까?"

"정말 그렇네요? 너무 신기해요."

이번에는 여러분이 오일러가 쾨니히스베르크 다리 문제를 어떻게 증명했는지 설명해볼까요? 예, 맞습니다! 쾨니히스베르크 다리의 그물 그림에는 홀수점만 4개 있기 때문에 한붓그리기를 할 수 없고, 그래서 모든 다리를 한 번씩만 지나가는 것은 불가능하다는 결론이 나온 것입니다.

자, 그럼 다음 그물 그림 중 어느 것이 한붓그리기가 가능할까요?

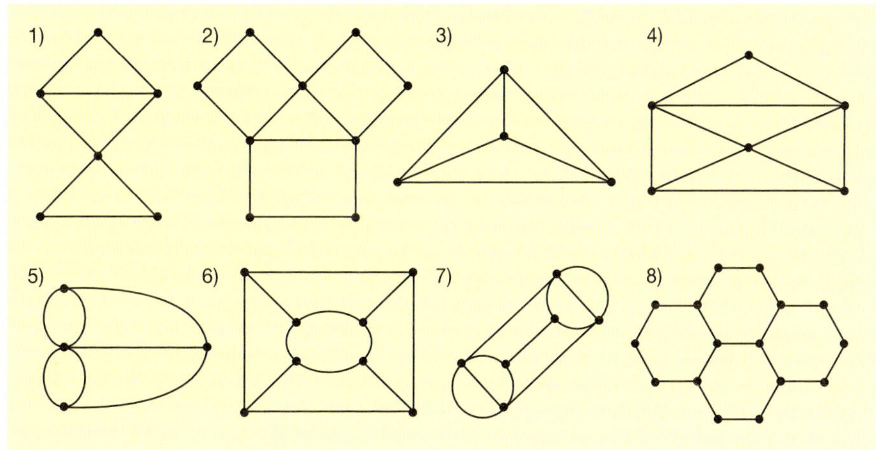

다음과 같이 배들이 선착장에 정박해 있습니다. 이때 또 다른 배가 막 도착하여 선착장에 들어오려 합니다. 정박할 곳을 찾는데, 이 배들을 한 번씩만 돌아서 처음 있던 곳으로 나올 수 있을까요?

주변에 있는 사물들을 선과 점으로 간단하게 그려보아요. 그리고 한붓그리기가 가능한지 살펴보는 거예요. 이렇게 복잡한 것을 간단하게 만들고 수학적으로 생각하기 시작한 자신에게 칭찬을 해주세요.

뫼비우스의 띠

"자, 오늘은 재미있는 모양을 만들어보자."

박사님의 말씀에 아이들은 잔뜩 기대에 차 다음 이야기를 기다렸습니다.

"지금부터 간단한 실험을 하나 해보자. 먼저 이렇게 종이, 가위, 풀, 색연필을 준비해야 해. 다 됐으면 내가 말하는 대로 잘 따라해야 한단다. 이것은 매우 간단한 실험이지만, 얻어진 결과는 재미있고 신기할 거다."

"예! 준비 다 됐어요." 아이들이 한목소리로 말했습니다.

"먼저 기다란 직사각형 모양의 띠 두 개를 만들어두자. 그리고 그 중 하나를 둥그렇게 말아 양끝을 붙여보자.

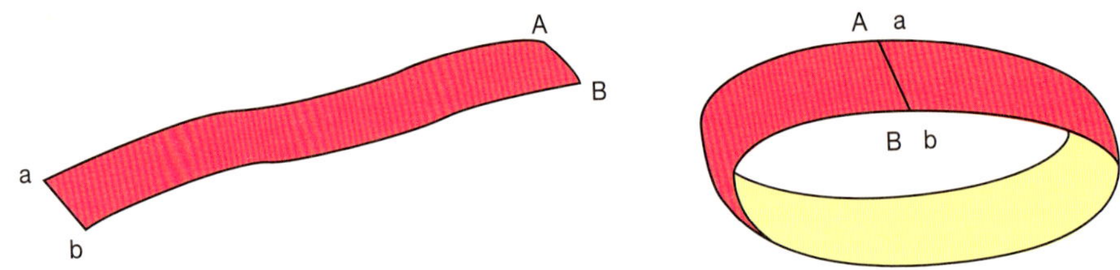

그림에서처럼 직사각형 띠의 양끝을 a는 A에, b는 B에 붙이면 둥근 테 모양을 얻게 된단다. 이때 처음 평평했던 종이 띠의 한쪽 면은 둥근 띠의 안쪽이 되고, 다른 쪽 면은 띠의 바깥쪽이 되지. 만약 개미 한 마리가 띠의 바깥쪽을 따라 기어가고 있다고 생각해보자. 그 개미가 띠의 안쪽으로 기어 들어가기 위해서는 모서리를 타 넘어야만 해.

자, 그럼 이번에는 똑같은 직사각형의 띠를 한 번 꼬아서 붙여보자. a는 B에, b는 A에 각각 붙이면 된단다. 이렇게 만들어진 것을 뫼비우스의 띠라고 해.

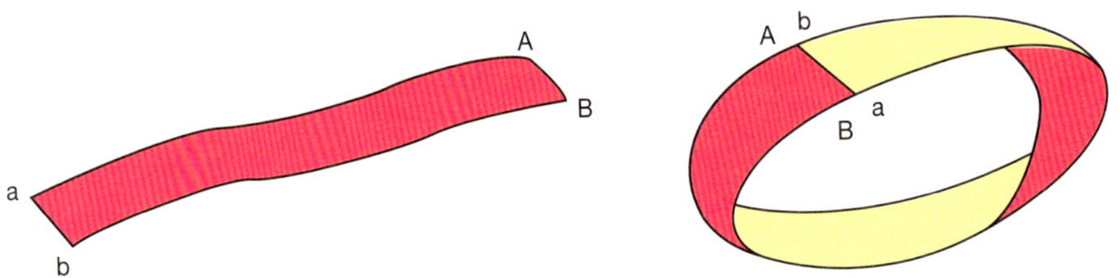

이 뫼비우스의 띠는 안쪽과 바깥쪽 두 면으로 구별되었던 둥근 띠와는 달리 하나의 면으로 이어져 있단다. 좀 더 쉽게 이해하기 위해, 앞서 봤던 개미와 비교해보자꾸나. 개미가 어느 부분에서든 뫼비우스

의 띠를 따라 기어가기 시작한다면, 이번에는 모서리를 타 넘을 필요
도 없이 띠의 안과 밖 전체를 자유롭게 기어갈 수 있단다.

못 믿겠다면, 자, 우리 직접 확인해보자. 색연필을 하나 가지고 띠
를 따라가며 한쪽에서 다른 쪽으로 선을 쭉 그어가 보면 돼. 그러면
색연필을 한 번도 떼지 않고, 전체 띠를 다 돌아서 출발점으로 돌아오
게 될 거다.”

“우와, 진짜 그렇네요. 신기해요!”

혁이가 뫼비우스 띠를 이리저리 돌려보며 말했습니다.

“그렇지? 그럼 이번에는 이런 상상을 한번 해볼까? 우리가 우주선
을 타고 어느 별을 방문하게 되었어. 그런데 이 별이 커다란 뫼비우스

의 띠 모양으로 생긴 거야. 우리는 이 띠를 따라서 탐사를 시작했어. 시간이 많이 흘렀는지 우리는 너무 힘이 들어, 일단은 바깥쪽 면만 돌고 쉰 다음 안쪽 면을 돌겠다고 계획을 세웠어. 그런데 과연 계획대로 쉴 수 있을까?”

박사님의 질문에 혁이가 대표로 말했습니다. “뫼비우스의 띠처럼 생긴 거라면 박사님이 말씀하신 것처럼 앞과 뒤 구분이 없으니까 절대 쉴 수 없을 거예요.”

“아주 잘 이해하고 있구나. 그런데 뫼비우스의 띠는 더 흥미로운 성질을 갖고 있단다. 자, 잘 보렴. 마치 마술을 보는 것 같은 기분이 들걸?”

아이들은 눈을 동그랗게 뜨고 잔뜩 기대하며 박사님 앞으로 더 가까이 모여들었습니다.

“다음 그림과 같이 뫼비우스의 띠 한가운데 점선 표시를 하고 그 선을 따라 가위로 잘라보자. 띠는 과연 어떻게 될까? 두 개로 나누어 질까? 자, 한번 해보자.

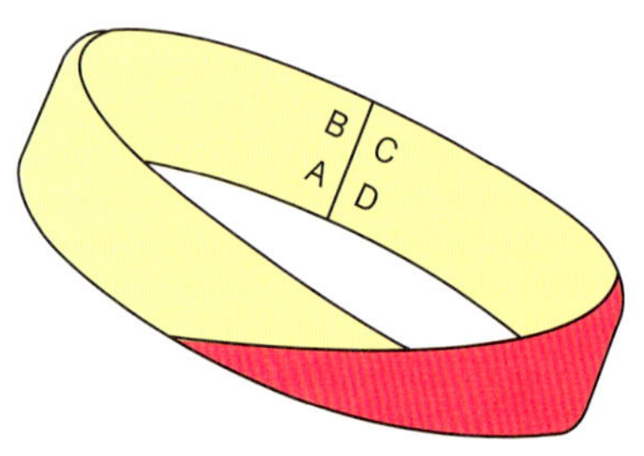
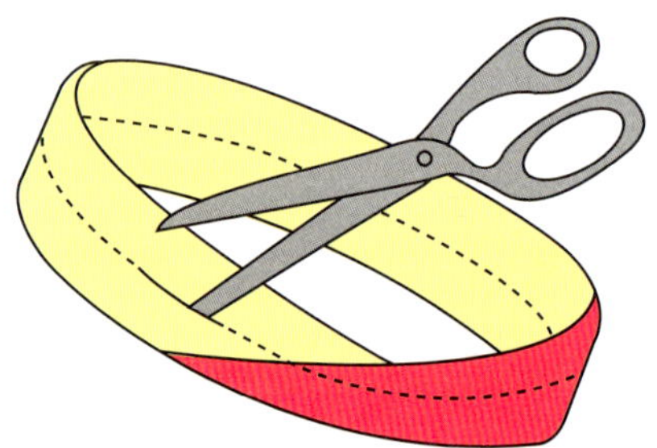

어때? 생각과는 달리 둘로 나누어지지 않고 원래의 띠보다 큰 하나의 연결 고리가 만들어졌지? 그렇다면 이것도 뫼비우스의 띠인지 한 번 확인해볼까?

자, 색연필을 가지고 한 점에서 출발하여 띠를 따라서 선을 그어보자. 그러면 출발점이 있던 한쪽 면만 칠해지고 다른 쪽 면은 그대로인 것을 볼 수 있단다. 그러니까 이것은 뫼비우스의 띠가 아닌 거란다.

그럼 이번에는 직사각형 띠를 두 번 꼬아 붙여보자. 역시 색연필을 가지고 띠를 따라가보면 한쪽 면에만 선이 그어지는 것을 볼 수 있단다. 그런데 만약 한 번 더 꼰다면 어떻게 될까? 똑같은 방식으로 실험해보면 이것은 색연필이 띠 전체에 선을 그리는 뫼비우스의 띠라는 걸 알게 된단다."

"또 다른 뫼비우스 띠도 만들 수 있나요?" 소라가 물었습니다.

"물론이지. 자 한번 보렴. 우선 다음과 같이 가운데 부분을 자르고

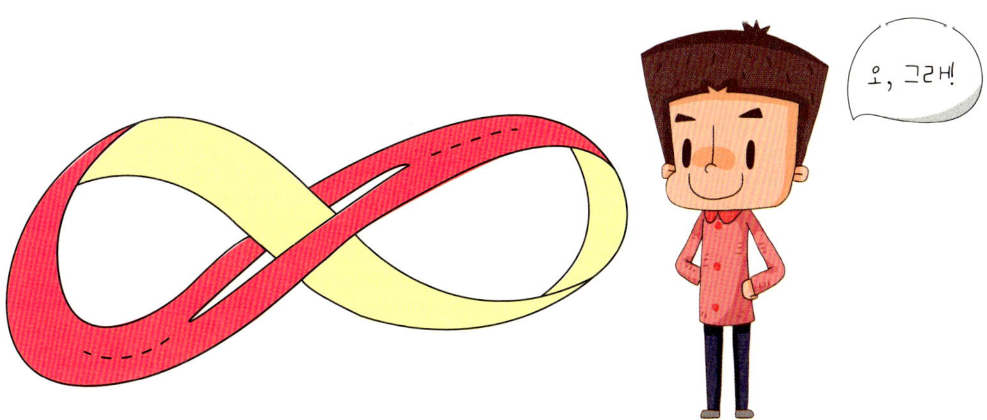

이 사이에 띠를 넣어 뫼비우스 띠를 만들고 가운데 선을 따라 계속해서 잘라보는 거야. 어떤 모양이 나오지?"

소라가 박사님 말씀대로 따라해보더니 말했습니다.

"처음 띠보다 커졌어요. 그리고 이번에도 꼬여 있고요. 뫼비우스의 띠처럼 보여요."

박사님은 빙긋 웃으시더니 "정말 그럴까?"하고 아이들에게 되물어보셨습니다.

"자, 소라의 답이 맞는지 한번 확인해보자. 색연필을 가지고 띠를 따라가보면 어떻게 되지? 그래, 한쪽 면만 색칠해지지? 그럼 이 띠는 뫼비우스의 띠가 아닌 거란다."

"정말이네요. 눈에 보이는 게 다 정답은 아니었어요." 소라가 말했습니다.

"사실, 뫼비우스의 띠는 우리의 생활 곳곳에서 발견할 수 있는 아주 유용한 것이란다. 방앗간이나 공장에 가면 커다란 바퀴 둘을 이어주며 돌아가는 둥근 가죽끈을 볼 수 있을 거야. 그걸 주의 깊게 보면 그 끈이 한 번 꼬여 있다는 것을 알 수 있어. 이것도 바로 뫼비우스의 띠란다."

"아, 기억나요. 엄마랑 떡집에 갔을 때 봤어요. 그런데 뫼비우스의 띠가 왜 쓰인 거죠? 뭐에 유용한 거예요?" 혁이가 물었습니다.

"그렇지! 아주 중요한 질문이란다. 왜 가죽끈을 한 번 꼬았을까?

잘 들어보렴. 만약 띠를 꼬지 않고 돌리면, 바퀴와 닿는 면은 한쪽뿐이기 때문에 한쪽만 닿게 된단다. 그러나 그 가죽 끈을 뫼비우스의 띠 모양으로 꼬아서 돌리면 띠의 안쪽, 바깥쪽 면 모두 기계와 골고루 닿게 되므로 가죽끈의 수명이 훨씬 길어지지. 이렇게 보면, 수학이 생활에 아주 밀접하고 유용한 거라는 생각이 들지 않니?”

도전

이번에는 여러분이 직접 해봅시다. 먼저 긴 띠를 준비하고, 이것을 셋으로 나누는 선을 표시한 뒤 한 번 꼬아 뫼비우스의 띠를 만듭니다. 그리고 가위로 잘라보세요. 어떤 모양이 나오나요?

다음과 같은 십자 모양의 띠를 준비합시다. 먼저 가로축 띠를 뒤로 모은 후 왼쪽 부분을 한 번 꼬아 뫼비우스의 띠를 만듭니다. 이때 ①은 ④와, ②는 ③과 맞닿아야 하며, ①, ②쪽 면이 밖으로 보여야 합니다. 다음, 세로축은 띠를 앞으로 모은 후 가로축과 마찬가지 방법으로 뫼비우스의 띠를 만듭니다. 이때에는 ③, ④쪽 면이 밖으로 보여야 합니다. 마지막으로 가운데를 가위로 오려주세요. 어떤 모양이 나왔습니까?

이 세상에는 참 많은 것이 두 가지로 나뉘어 있습니다. 예쁜 것과 미운 것, 좋은 것과 나쁜 것 등으로 말이에요. 하지만 안과 밖으로 나뉘지 않는 뫼비우스의 띠는 구별 없이 어울려 사는 아름다움을 보여주는 것 같아요. 여러분은 어떻게 생각하나요?

지도 색칠하기

지금 우리 앞에 세계 지도 중 일부가 펼쳐져 있습니다. 이 지도는 각 나라를 구별하기 위해 여러 가지 색으로 칠해져 있습니다.

여러분들이 지도를 만들어 파는 사람이라면 가장 적은 비용을 들여 지도를 만들고 싶을 것입니다. 그렇게 하기 위해서는 될 수 있는 대로 가장 적은 수의 색을 사용해서 각 나라들을 구별해야 합니다. 그런데 이때 맞닿아 있는 나라들은 반드시 다른 색으로 칠해져야 합니다.

그런데 아주 재미있는 사실이 하나 있습니다. 지금까지 많은 지도가 그려졌는데, '어떤 지도에서든 영토를 구별하는 데에는 네 가지 색이면 충분하다' 는 것입니다. 이것을 4색 문제라고 합니다.

이 문제는 1850년경 처음 제시되었는데, 이후 수많은 수학자들이 증명해보려고 노력했지만 성공하지 못했습니다.

영국의 수학자 히우드는 평생 동안 4색 문제를 연구하다가 1900년경, 어떤 지도를 색으로 구분하는 데 다섯 가지 색이면 충분하다는 사실까지 증명하였습니다. 하지만 4색 문제는 더 이상 별 진전을 보이지 못했습니다. 그러다가 1976년에 미국 일리노이 대학교의 아펠과 하켄이 컴퓨터를 이용해서 어마어마하게 복잡한 분석을 해냈고, 마침내 이것을 증명하였습니다.

이 증명을 담은 보고서는 그 내용과 도표만으로도 수백 쪽에 달하고, 컴퓨터가 계산하는 데 걸린 시간만 해도 1200시간이 넘을 만큼 복잡했다고 합니다.

아마 컴퓨터의 도움이 없었다면 증명할 수 없었을 것입니다. 하지만 대부분의 수학자들은 그 증명이 컴퓨터를 이용한 것이고 너무나 복잡하다는 점을 지적하며 아직까지 수학적인 증명을 찾고 있습니다.

이처럼 직접 해보거나 언뜻 보면 쉽게 알 수 있는 문제도, 수학적으로 증명하려면 복잡해지는 경우가 많습니다. 이 역시 수학에서만 나타나는 흥미로운 현상의 하나라고 할 수 있습니다.

자, 그럼 여러분이 직접 정말로 4가지 색만을 가지고 지도의 각 영역을 구별하여 칠할 수 있을지 확인해보기로 합시다.

 도전 1

이 문제의 규칙은 다음과 같습니다.

1. 같은 경계선을 갖는 두 개의 영역은 서로 다른 색이어야 합니다.

2. 서로 면이 닿지 않고 오직 꼭짓점에서만 만나는 영역은 같은 색으로 칠할 수 있습니다.

자, 그럼 위의 규칙에 따라 다음 사각형 안에 있는 영역을 색칠해보세요. 어떤 색깔이든 여러분이 좋아하는 색을 선택하면 됩니다. 단, 가능한 한 가장 적은 수의 색을 이용해야 합니다.

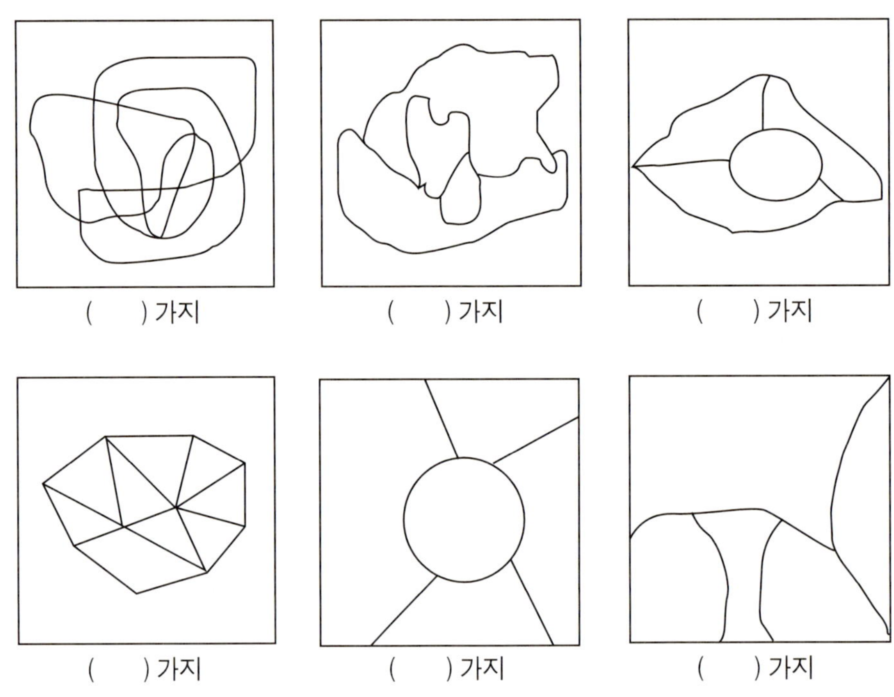

도전 2

자, 도전 1의 문제를 잘 풀었습니까? 수학도 그림으로 배우니 어렵지 않죠? 그러면 이번에는 똑같은 규칙과 방식을 적용하여, 직선으로 된 지도를 색칠해봅시다.

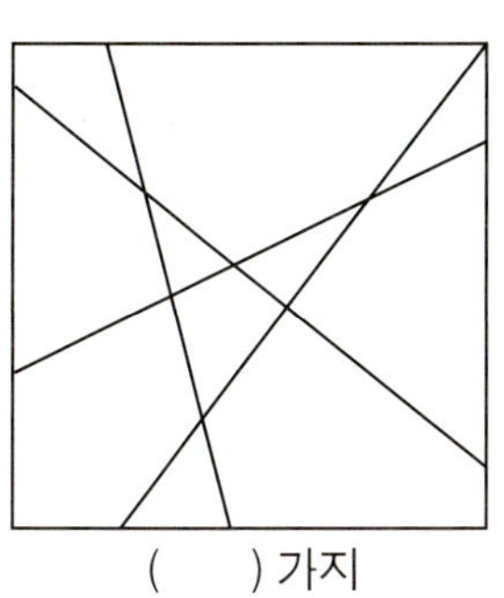

( ) 가지

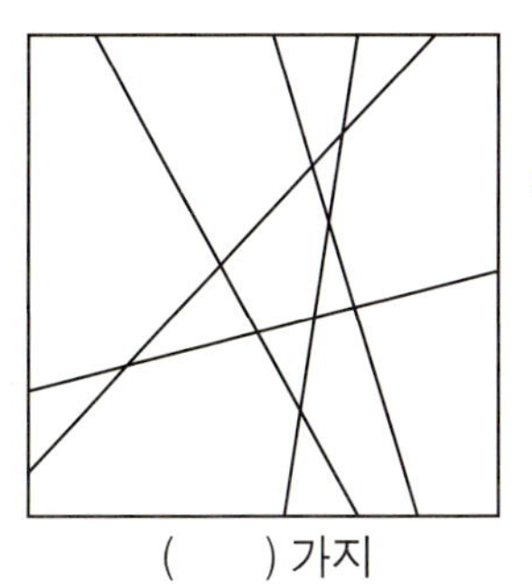

( ) 가지

도전 3

이번에는 원으로 그려진 지도입니다. 위와 같은 규칙과 방식으로 색칠해보세요.

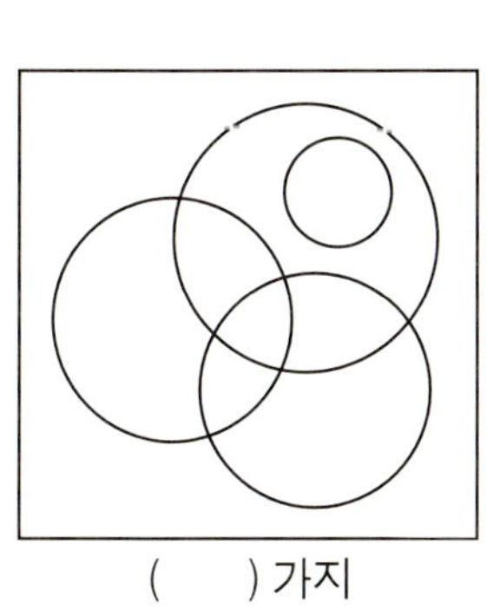

( ) 가지

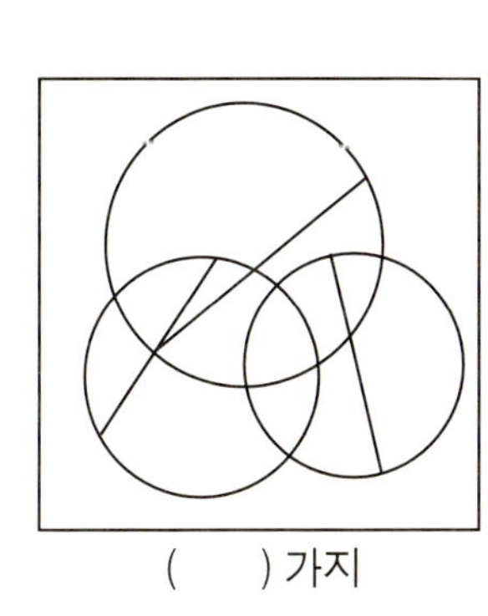

( ) 가지

이번에는 두 사람씩 짝을 지어 게임을 해봅시다. 게임 방법은 다음과 같습니다. 먼저 두 사람이 번갈아가면서 4가지 색깔 중 하나로 작은 공간부터 색칠해 나갑니다. 단, 인접한 부분은 다른 색깔로 색칠해야 합니다.

이 규칙으로 더 이상 색칠할 수 없는 사람이 진 것입니다.

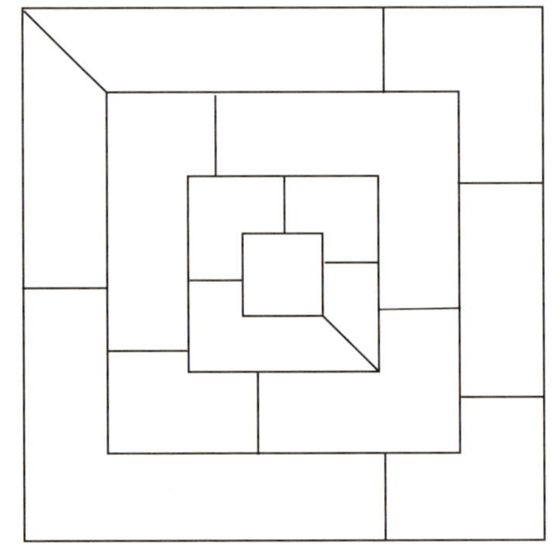

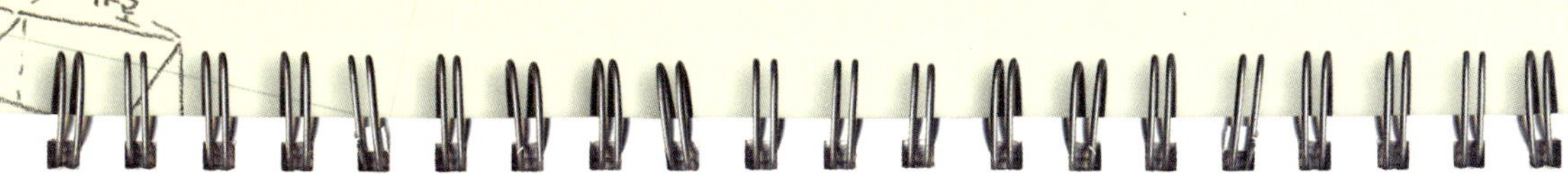

4가지 색만 사용하여 다음 지도를 색칠해봅시다.

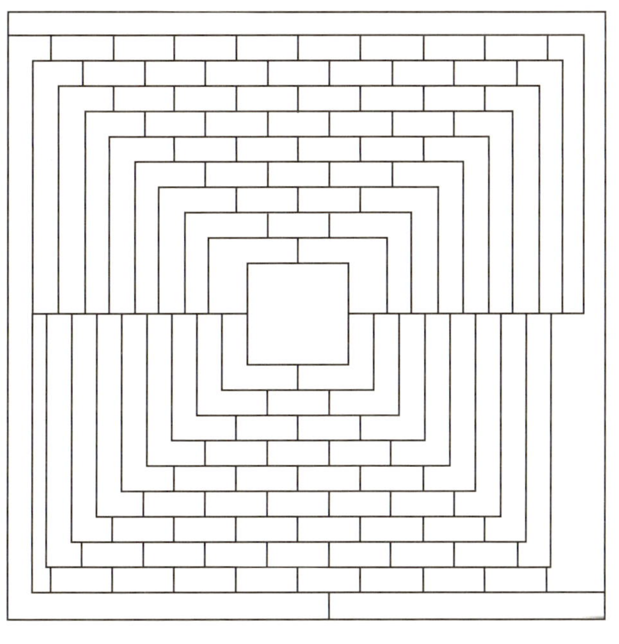

오늘 여러분이 입은 옷에는 몇 개의 색이 사용되었나요? 어떤 옷을 입으면 가장 적은 수의 색으로 옷을 입게 되죠? 생활 속에서 수학과 색의 밀접한 관계를 발견한 자신을 칭찬해주세요.

미로

"박사님, 이번에는 어디로 가죠?" 미나가 물었습니다.

"글쎄, 이번에는 미로 찾기 한번 해볼까?" 박사님의 말씀에 아이들

은 "와! 그것도 재미있겠는데
요" 하며 즐겁게 차에 올라탔습
니다. 그리고 얼마 지나지 않아
제주도 여행의 두 번째 장소인
미로 공원 앞에 내렸습니다.

"자, 우리 각자 출구를 찾아보
도록 하자꾸나." 박사님이 말씀하
셨습니다.

"야, 신난다! 나는 이쪽으로 갈
테야." 혁이가 말했습니다.

▲제주도의 미로 공원

"난 이쪽으로! 내가 가장 먼저 길을 찾고 말 거야." 소라도 굳은 결
심을 합니다. 아이들은 모두 흩어져 달려갔습니다.

땡땡땡! 한참 후에 미로를 찾아 도착지에 먼저 다다른 혁이와 철이
가 종을 쳤습니다.

"어! 어디로 가야 하지? 길을 잃은 거 같아."

미나와 미미는 아직 길을 찾지 못하고 이리저리 헤매었습니다. 분
명 목적지는 보이는데 길을 찾을 수가 없었습니다.

박사님은 미로찾기 놀이를 마친 아이들을 한쪽으로 데려가서 아이
스크림을 사주며 미로에 대해 말씀해주셨습니다.

"미로라고 하면, 너희들은 종이 위에 그려진 미로, 즉 퍼즐로만 생

각하겠지만, 사실은 우리 주변에 아주 가까이 있단다. 여기 제주도에 있는 만장굴이나 영월의 고씨동굴, 단양의 고수동굴 같은 동굴의 길은 자연적으로 만들어진 미로라 할 수 있지.

반면 이집트의 피라미드 내부는 일부러 미로로 만든 인공적인 것이라 할 수 있어. 피라미드 속에는 죽은 왕의 관과 그 왕이 생전에 지니고 있던 보석 따위의 갖가지 보물들을 넣어두었기 때문에, 도적들이 그것을 훔쳐가지 못하도록 만들어야 했지.

▲독일 뮌헨에서 발견된 미로 그림

이 밖에 유럽의 여러 나라에서는 궁전의 안뜰에 미로를 만들어 적이 공격해오면 그 안으로 유인하여 빠져나가지 못하게 해서 전멸시키기도 했단다.”

“우와, 역사적으로도 이미 생활 속에 활용되고 있었던 거네요?”

소라가 말했습니다.

“그렇지! 그리스 신화에도 등장하는 거니까, 많은 사람들이 더더욱 관심을 갖는 거겠지?”

박사님 말씀에 아이들 모두 한목소리로 “어떤 내용인데요?” 하고 물었습니다.

"크레타는 막강한 해군으로 지중해를 누비며 고대 문명을 꽃피운 섬나라였지. 그 한복판에서 발견된 크노소스 궁 지하에 미로가 만들어졌다는 이야기란다.

미노스 왕의 부인인 파시파에가 머리는 소, 몸은 사람인 괴물 미노타우로스를 낳은 데서 이야기는 시작됐단다. 왕은 이 사실을 숨기기 위해 유명한 건축가 다이달로스에게 한번 들어가면 출구가 어딘지 알기 어려운 미로를 만들라고 지시하고, 이 괴물을 미로 한가운데 살게 했어. 또 괴물의 먹이를 위해 매년 아테네로부터 7쌍의 소년 소녀를 데려오도록 명령을 내렸단다. 그중에는 괴물을 처치하기 위해 자진해서 온 아테네의 왕자 테세우스도 있었어.

그런데 미노스 왕의 딸 아리아드네는 그의 모습에 반해 테세우스를 돕기로 하고, 그가 미로에 들어갈 때 몰래 실패를 건네주었지. 테세우스는 실 끝을 입구에 매어놓고 실을 풀면서 중앙으로 걸어 들어갔어. 그리고 그곳에서 미노타우로스를 없앤 후 다시 실을 따라 유유히 미로를 빠져나왔다는 이야기야."

"정말, 미로를 빠져나오는 현명한 방법이네요! 그럼 이것처럼 빠져나오기 힘든 미로가 실제로 있을까요?" 혁이가 물었습니다.

"절대 빠져나오지 못하는 것은 아니지만, 엄청난 규모의 미로가 영국에 있긴 하단다. 브라이트라는 사람은 《미로》라는 책을 쓰고, 1971년에 1년이나 걸려 1.6킬로미터 이상 되는 미로 정원을 만들었단다.

그리고 이 경험을 바탕으로 다시 런던 서쪽 2.8평방킬로미터 이상 되는 롱리트의 넓은 땅에 길이 3.2킬로미터나 되는 미로를 건설했어. 이 것은 중간 중간에 터널도 있고 다리도 있는 세계에서 가장 큰 미로로 알려져 있지.”

“대단하군요! 언젠가 꼭 영국에 가서 그 미로를 보고 말 거예요.” 철이가 말했습니다.

“그래? 그럼 그곳에 가기 전에 미로에서 길 찾는 방법을 알면 더 좋겠지? 보다 쉬운 이해를 위해, 우리 한번 미로 퍼즐 푸는 법과 만드는 법을 살펴보도록 하자.”

“예!” 모두들 한목소리로 대답했습니다.

 ## 미로 퍼즐, 어떻게 풀까요?

“미로 퍼즐은, 그림 1)과 같이 ‘입구로 들어가 출구로 나올 수 있는 길을 발견해봅시다’ 하는 따위의 것이란다. 1)의 그림은 비교적 간단한 미로지만, 이것이 전지처럼 큰 종이 위에 미세하게 그려진 미로라면 그렇게 간단히 풀 수는 없을 거야.

또한 컴퓨터가 만든 미로라면 더더욱 복잡해지지. 그런데 아무리 복잡한 미로라 해도 다음의 방법을 적용하면 길을 제대로 찾을 수 있 단다. 자, 그러면 1)의 그림을 가지고 직접 길을 찾아보자.

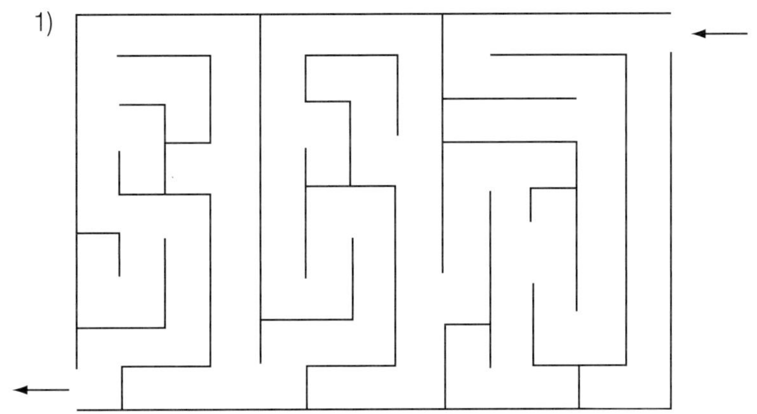

먼저 그림 2)처럼 3면이 둘러싸인 곳이 있으면 그곳을 지우자.

이렇게 지워서 나온 그림을 보면, 또 다시 3면이 둘러싸인 곳이 생 긴 것을 발견하게 될 거다.

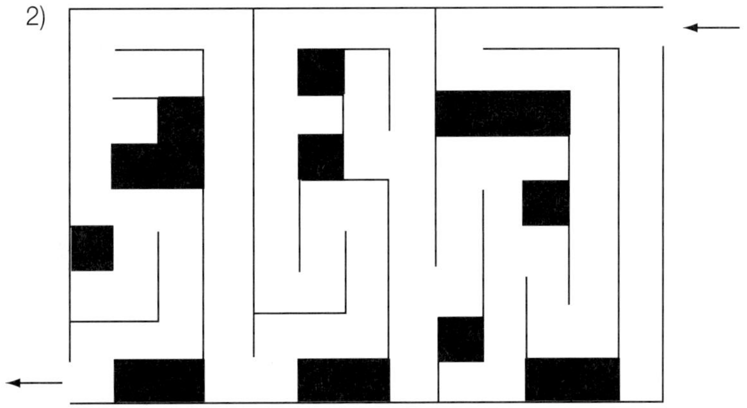

그러면 앞에서 한 것과 똑같이 이곳도 지운단다.

자, 그럼 너희들도 그림 3)을 똑같은 방법으로 지워나가 보렴. 그러다 보면, 어느 순간 더 이상 3면이 생기지 않아 지울 게 없게 되지?"

박사님의 말씀을 따라 아이들이 3면을 지워나갔습니다.

"다 지운 사람은 그 길을 더듬어 따라가보렴. 출구에 다다랐니?"

"우와, 신기하네요. 이런 유용한 방법을 알았으니, 실제의 미로를 그림으로 정확히 그려낼 수만 있다면, 길 찾는 건 문제 없을 것 같아요." 혁이가 말했습니다.

이제 여러분이 직접 다양한 종류의 미로 문제를 풀어봅시다.

　1) 신나는 방학이 시작됐습니다. 이번에는 친구들 모두 비행기를 타고 제주도에 가기로 했습니다. 어떤 길을 따라가야 비행기를 탈 수 있을까요?

　2) 아름다운 제주도의 모습을 한눈에 감상하기 위해, 친구들은 하늘을 나는 열기구를 타기로 했습니다. 그런데 기구에 달린 큰 주머니가 구멍이 났다는 거예요.

　친구들은 어디에 구멍이 났는지 알아보기 위해, 바람을 집어넣어 보고 그것이 빠져나오는 곳을 찾기로 했습니다. 그리고 마침내 구멍

을 찾아냈습니다. 그렇다면 과연 바람은 어떤 길을 따라 구멍을 빠져
나온 것일까요?

3) 집으로 돌아가기 전, 모두들 한라산을 오르기로 했습니다. 산을 오르는 길은 모두 4가지가 있습니다. 하지만 이 중 오직 하나의 길만 이 정상으로 연결돼 있습니다. 어떤 길을 선택해야 할까요?

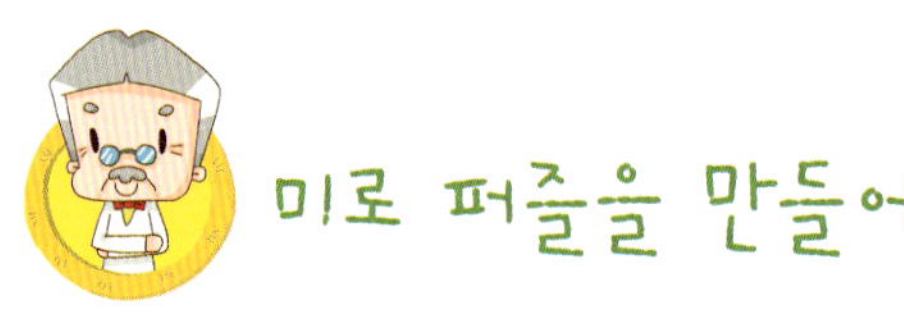

"자, 그럼 말이 나온 김에 우리가 직접 미로 퍼즐을 한번 만들어보면 어떨까? 그렇게 해서 다른 사람들한테 풀어보게 하는 거야. 어때?"

박사님의 제안에 모두들 찬성하며 좋아했습니다.

"그거 정말 재있겠는데요. 집에서 공부할 때면 늘 엄마나 아빠가 문제를 내시고 풀어보라고 하시는데, 틀리면 굉장히 혼을 내시거든요. 이번에는 제가 미로 문제를 만들어서 엄마 아빠께 한번 풀어보시라고 해야겠어요. 박사님, 빨리 만드는 방법 좀 알려주세요, 네?"

철이가 조르자 박사님은 허허 웃으며 말씀하셨습니다.

"그럼 먼저 모눈종이와 연필, 지우개를 준비하자. 이번에도 역시 그리고 지우고 또 그리고 지우고 하면서 완성해나가는 거란다. 자, 준비됐니? 내 말을 잘 따라해야 한다."

모두들 흥미로운 눈으로 박사님을 바라보며 큰 소리로 "네" 하고 답했습니다.

"첫째, 적당한 모눈종이를 선택하고 먼저 입구와 출구를 표시해야 해. 그리고 입구에서 출구까지의 길을 그리는 거야.

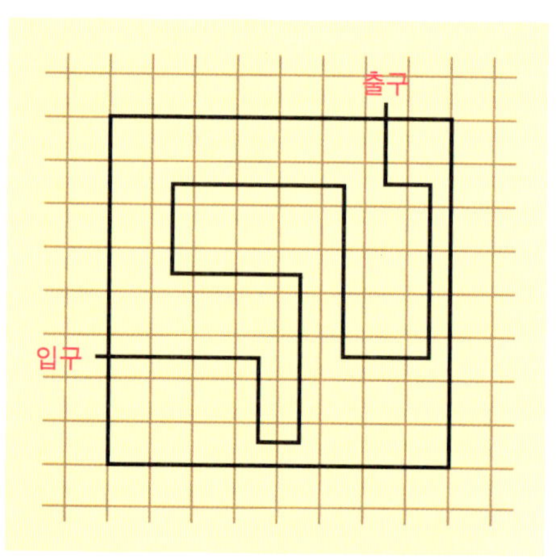

두 번째로 자기가 만든 길이 아닌 가짜 길을 그려 넣는데, 이때에는 길이 모눈종이의 모든 모눈을 지나가도록 해야 해.

세 번째로는 투명 종이를 이용하여 위에서 그린 길을 둘러싸는 벽을 그리는 거야. 이때에는 모눈의 선을 따라 그려주면 된단다. 그런데 여기서 주의할 것은 이 벽이 두 번째 단계에서 그린 미로의 길을 가로질러서는 안 된다는 거야. 자, 마지막으로 이것을 종이에 옮겨 그리면 미로가 완성되는 거란다.”

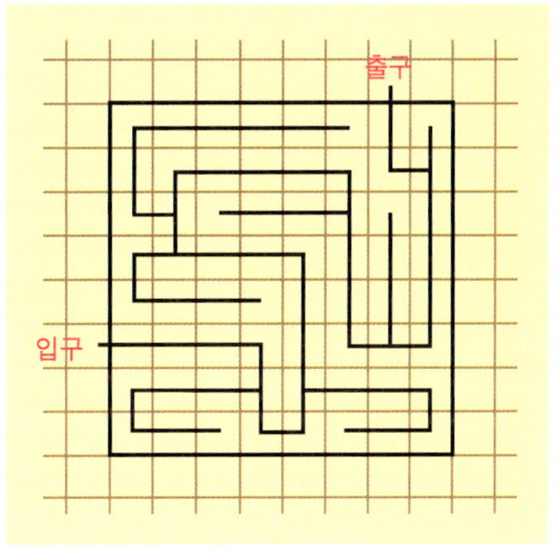

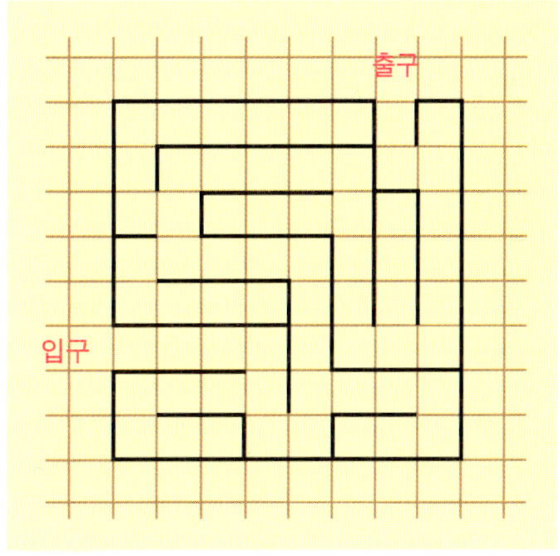

박사님의 말씀이 끝나자마자 아이들은 자기 앞에 놓인 종이 위에 자신들만의 미로를 그리기 시작하였습니다.

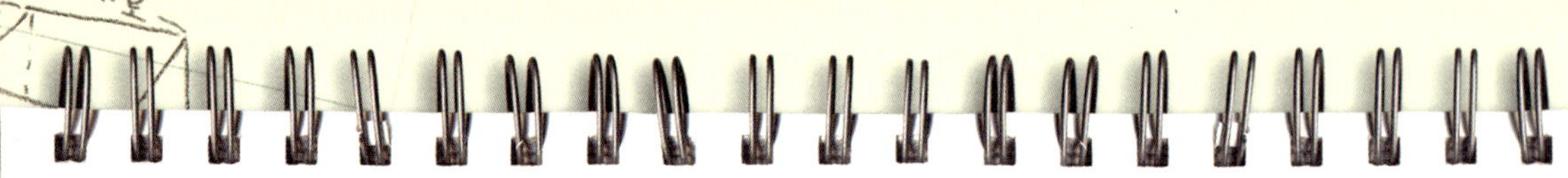

다음 모눈종이를 사용하여 자신만의 미로를 만들어봅시다. 그리고 친구들에게 이 문제를 풀어보게 합시다.

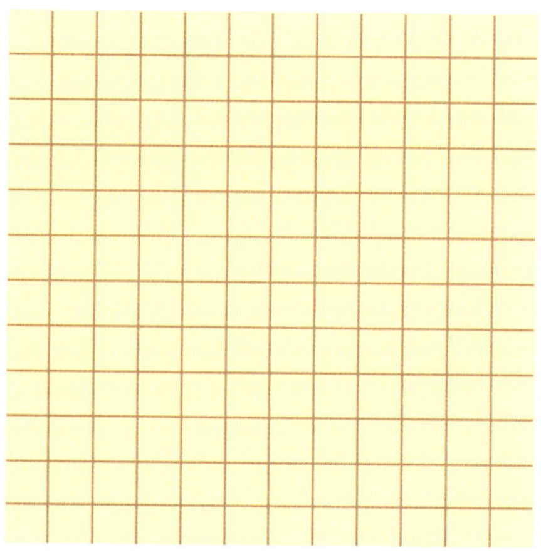

복잡하고 출구가 보이지 않는 미로 속에서도 수학적으로 생각하고 하나씩 벽을 지워가다 보면 밖으로 빠져나올 수 있다는 것을 알게 되었죠? 수학은 여러분을 도와주는 좋은 친구랍니다.

CHAPTER 10

착시,
불가능한 그림

"이번에는 제주도에서 가장 신기한 곳, 도깨비 도로로 가보자꾸나."

"네? 도깨비 도로라고요? 거기 가면 도깨비가 나오나요?"

도깨비라는 말에 아이들은 호기심 가득한 눈으로 박사님을 바라보았습니다.

"하하하! 우선 가서 직접 보는 게 좋겠구나."

▲제주도 신비의 도로

"이곳의 공식 이름은 '신비의 도로'란다. 자연의 이치를 거스르는 신비한 현상이 나타난다고 해서 이런 이름이 붙었지. 하지만 그것이 하도 신기하고 도깨비가 장난치는 것 같다고 해서 '도깨비 도로'라고도 부르게 된 거야. 자, 잘 보거라. 도로의 어느 쪽이 높아 보이니?"

박사님의 질문에 아이들 모두 자세히 도로를 관찰하였습니다.

"우리가 서 있는 쪽 반대편이요." 미나가 말했습니다.

"그럼 우리 서 있는 쪽에 공을 한번 놓아보자. 잘 보렴."

박사님이 공에서 손을 떼자 반대편으로 또르륵 굴러갔습니다.

"어? 공이 높은 곳으로 올라가는데요! 정말 도깨비가 장난을 치나 봐요." 미나의 말에 아이들 모두 눈이 휘둥그레졌습니다.

"박사님 정말 도깨비가 나와서 장난을 치는 건가요?" 혁이가 겁을 먹고 물었습니다.

"하하하! 그럴 리가 있느냐. 실제로는 우리가 있는 이쪽이 더 높은데 주위 환경 때문에 낮아 보이는 거란다. 이것이 바로 착시 현상이라고 하는 거야. 그럼 착시에 대해 알아볼까? 우선 착시 현상이 나타나는 그림들을 보기로 하자. 자, 어느 선이 더 길어 보이지?

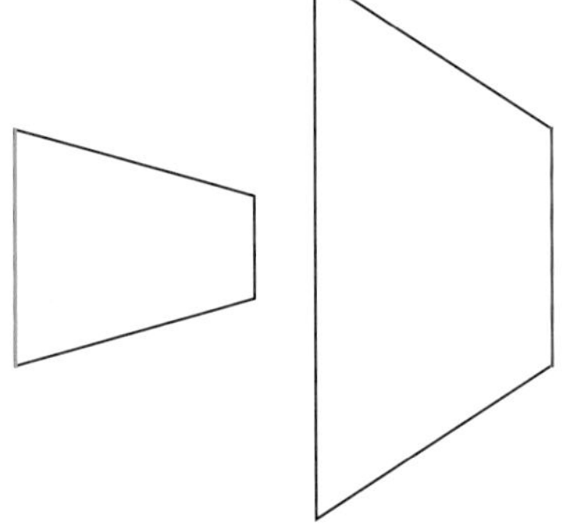

어떤 원이 더 큰 것 같니?

　사실 위의 두 선분은 길이가 같고, 또 두 원의 크기도 같은 거란다. 그런데 주변의 그림 때문에 달라 보이는 거야.

　이렇게 눈이 착각을 일으키는 것을 착시라고 하는데, 눈의 구조나 보는 사람의 마음 또 이 둘 모두에 의해 착시가 일어난단다. 그래서 수학에서는 눈에 보이는 것에만 의존하지 않고 실제로 재거나 확인하는 것이 매우 중요한 거야.

　그렇지만 착시가 실생활에서 효과적으로 사용되는 경우도 많단다. 이를테면 이를 이용해 의상을 디자인해서 몸을 좀 더 날씬하게 보인다든지 화장을 통해 눈을 커보이게 해서 단점을 보완하기도 하지.”

　“아, 그래서 우리 엄마가 열심히 화장을 하시는 거구나!”

　소라의 말에 모두들 크게 웃었습니다.

"자, 다음 사진을 한번 보렴. 이
것은 아주 유명한 부석사 무량수전
의 기둥이란다. 그런데 다른 기둥과
좀 달라보이지?

마치 배가 볼록 튀어나온 것처럼
기둥 가운데를 만들고 위아래로 가면
서 점점 가늘어지게 했단다. 그래서 이
기둥의 이름이 배흘림기둥이란다.

▲부석사 무량수전 배흘림 기둥

이렇게 특이하게 만든 이유는 같은
굵기의 기둥을 멀리서 보면 가운데가 가늘어 보이는 착시 현상을 보
정하기 위해서야. 그리스 아테네의 파르테논 신전 기둥에도 이러한
기법이 사용되었어.

참, 우리나라 국보 제18호로 지정되어 있는 이 부석사 무량수전은
경상북도 영주에 가면 볼 수 있어. 지금까지 존재하는 목조 건물 가운
데 경상북도 안동시에 있는 봉정사 극락전과 함께 가장 오래되고 우
수한 건축물로 꼽힌단다."

"대단하네요. 이번 주말에 엄마 아빠한테 부석사에 가보자고 해야
겠어요. 박사님 말씀대로 멀리서 볼 때 기둥 위, 아래, 가운데가 고르
고 평평한지 직접 확인해보고 싶어요." 혁이가 말했습니다.

"그래, 뭐든 말로 듣고 그냥 무작정 받아들이기보다는 직접 눈으로

보고 확인하면 그 사실을 더 오래 기억하고, 확실히 자기 것으로 만들 수 있는 거란다. 그래서 우리가 지금까지 수학의 여러 원리들을 배울 때, 설명으로만 그치지 않고 직접 만들고 그려가면서 문제를 여러 번 풀어봤던 거야."

박사님 말씀에 미나가 고개를 끄덕이며 말했습니다.

"그래서 박사님이 수학에 대해 설명해주시면, 어렵지 않고 머리에 쏙쏙 들어와서 오래 기억에 남아요. 혹시, 착시 현상에 대한 또 다른 예나 저희가 풀어볼 문제는 없는 건가요?"

아이들은 모두 문제를 기다리며 박사님 앞으로 더 바짝 다가와 앉았습니다. 그러자 박사님은 그림 몇 장을 꺼내셨습니다.

"그럼 어디 한번 몇 가지 착시들을 더 살펴보기로 하자꾸나.

다음 세로선들을 보렴. 어떻게 보이지?"

"꼭 생선 가시 발라놓은 것처럼 보여요. 그리고 다 조금씩 굽어 있는 것 같아요." 철이가 웃으며 말했습니다.

"하하하! 철이 말을 들어보니 정말 그런 것 같구나. 그러면 이 생선 가시 같은 선 위에 곧은 자를 한번 대보자."

박사님의 말씀을 따라 그림에 자를 대보던 철이가 "어, 자와 똑같이 곧은 선이네요. 조금도 굽지 않았어요" 하고 외쳤습니다.

"그래. 이것도 바로 착시 현상에 의한 거란다. 세로선을 가로지르는 작은 선들이 비스듬히 놓여 있어 세로선이 굽은 것처럼 보이는 거란다. 자, 이것도 한번 봐보렴. 여기 테이블이 2개 있단다. 언뜻 보기에는 윗면의 크기나 모양 모두 다른 것 같은데, 너희들 생각은 어떠니?"

박사님의 말씀에 아이들은 그림을 이리저리 돌려보며 두 테이블을 비교해보았습니다. 그러던 중 철이가 자를 들고 두 테이블의 윗면 길이를 재보기 시작했습니다. 그러고는 "아무리

봐도 두 윗면의 크기는 달라 보여요. 그런데, 이것 역시 착시 현상이 아닐까 해서, 자를 대고 재보았어요. 그랬더니 크기가 같았어요" 하고 말했습니다.

"그래, 잘 맞혔다. 이것 역시 착시 현상에 따라 다르게 보이는 거다. 이번에는 좀 더 재미있는 문제란다."

"기대돼요."

미미와 미나가 동시에 말했습니다.

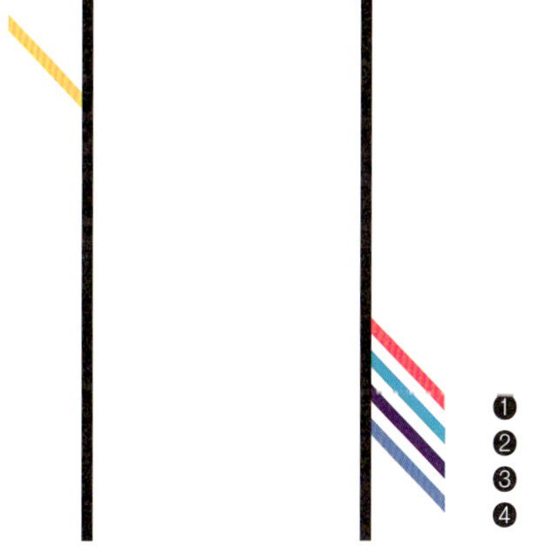

"자, 이건 어떻게 생각해? 왼쪽 위에 보이는 선은 오른쪽 아래 보이는 선과 연결된 직선의 끝 부분이란다. 과연 오른쪽의 4개 선 가운데 어느 선이 직선의 일부분일까? 먼저 보이는 대로 답해보거라."

박사님이 아이들을 둘러보며 물으셨습니다.

"저는 ①번 선 같아요." 소라가 말했습니다.

"저는 ②번 선이요." 혁이가 말했습니다.

"③번 선은 어떤 것 같아?" 박사님이 물으셨습니다.

"③번 선은 왼쪽 위의 선을 길게 늘여 직선을 그리면 그 아래쪽에 위치할 것 같아요." 철이가 말했습니다.

"그래? 그럼 이번에는 너희들이 자를 대고 직선을 그려 직접 눈으로 확인해보렴." 이번에는 혁이가 자를 들고 직선을 그었습니다.

"③번이 직선을 이루는 선이었어요. 사선을 넓게 지나가 세로선이 있어서 착시 현상이 일어난 거네요." 혁이의 결론에 박사님은 고개를 끄덕이셨습니다.

 ## 도전 1

이제는 여러분이 착시 문제에 직접 답해봅시다. 과연 옆의 그림에서 두 곡선을 연결하면 하나의 원이 될 수 있을까요?

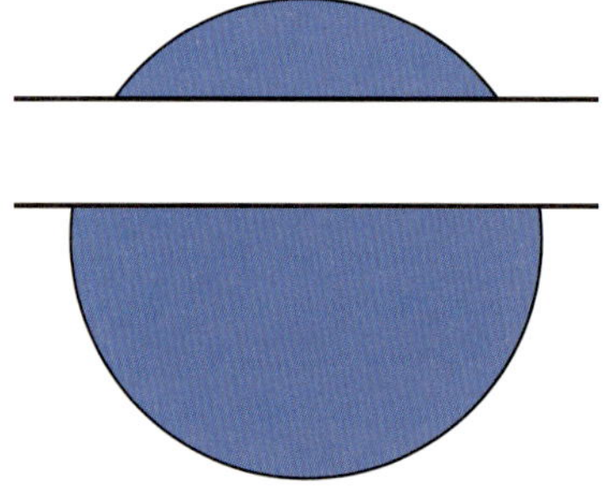

숫자에 나타나는 착시 현상

"자, 이번에는 그림이 아닌 숫자 착시의 예를 살펴보자. 이것은 은행원처럼 항상 계산을 하는 사람도 입으로 소리를 내면서 암산을 하다보면 흔히 착각하는 문제란다.

다음에 제시된 문제는 간단한 수의 덧셈이니까 암산하기에 어렵지 않을 거야. 아마 종이에 써서 답을 구하라고 하면, 틀릴 사람이 거의 없을 거다.

자, 준비됐니? 그러면 큰 소리로 하나씩 더하고 답을 말하고, 나온 값에 또 다음 수를 더해 최종 값을 답해보거라."

아이들은 마치 구구단 외듯 한목소리로 계산하기 시작했습니다.

"천 더하기 이십은 천이십, 천이십 더하기 삼십은 천오십…… 사천팔십 더하기 이십은…….” 최종 값을 말해야 할 차례라서 신중하게 생각하려는 듯 아이들은 잠시 뜸을 들인 후 답했습니다. “오천!” 철이와 혁이, 미미, 미나가 외쳤습니다.

“오천이라고? 정말 오천이 맞는지 종이에 계산해보거라.”

아이들이 재빨리 계산을 마치고 정답을 확인하더니 이렇게 쉬운 계산을 어떻게 틀릴 수 있는지 자신들도 잘 모르겠다는 듯 부끄러워했습니다.

“괜찮아. 몰라서 틀린 게 아니잖니. 이렇게 비슷한 숫자들을 기억하고 답을 구해가는 것만으로도 뇌는 아주 많은 집중력을 필요로 하는데, 거기에 또 입으로 크게 또박또박 말까지 해야 하니, 우리의 뇌가 당연히 착각을 일으킬 수밖에 없지 않겠어?”

박사님의 말씀에 아이들의 얼굴이 다시 밝아졌습니다.

 ## 착각을 일으키는 그림들

“또 다른 착시 현상을 찾아보자꾸나. 착시를 일으키는 그림 중에는 없는 모양이 보이기도 하고 두 가지로 보이기도 하는 것이 있단다.

다음에 제시된 그림들은 어떤지 한번 보렴. 자 먼저, 다음 그림에서 삼각형이 보이니?"

철이가 "팩맨 세 개가 가운데로 입 벌리고 있는 게 보이는걸요" 하고 말해 모두들 크게 웃었습니다.

그러다가 미나가 "팩맨이 삼각형을 물고 있는 것처럼 보여요! 팩맨의 입을 연결하는 선을 그어보면 더 확실해요" 하고 외쳤습니다.

"그래, 이처럼 실제로 존재하지 않는 모양도, 주위 환경 때문에 착시 현상을 일으켜 마치 있는 것처럼 보이는 거란다. 그럼 다음 그림에서 뭐가 보이느냐? 젊은 귀부인이냐, 아니면 늙은 할머니냐?"

그림을 본 후 미미와 미나, 혁이는 젊은 귀부인이 보인다고 말했습니다. 하지만 철이와 소라는 나이 든 할머니가 보인다고 말했습니다.

서로 자신들의 말이 맞다고 다투자 박사님이 아이들을 말리며 말씀하셨습니다.

“싸우지들 말거라. 둘 다 맞는 말이
다. 젊은 귀부인의 턱과 목, 그리고 목에
두른 목걸이와 가슴판은 할머니의 코와
입, 입술 그리고 턱으로도 볼 수 있단다.
어때, 이젠 안 보이던 다른 사람도 보이
지 않니?”

박사님의 설명에 다시 그림을 바라보
던 아이들은 “정말 신기한 착시 현상이
에요”하며 흥미로워했습니다.

 도전 2

여러분도 다음의 두 그림에서 무엇이 보이는지 한번 찾아보세요.

1) 첫 번째 그림에서는 마주 보는 두 사람의 얼굴이 보입니까, 아니
면 받침이 있는 술잔이 보입니까?

2) 두 번째는 토끼 그림일까요, 아니면 오리 그림일까요?

그림으로는 모든 게 가능해요

"용은 상상 속의 동물로 실제로는 존재하지 않지만, 만화 영화나 책 속에 많이 등장해서 누구나 그 모습을 그릴 수 있단다. 말처럼 생겨서 이마에 뿔이 달린 동물, 유니콘도 마찬가지지. 그러면 이렇게 그림으로는 그려지지만 실제로는 존재할 수 없는 것 몇 가지를 소개해보마. 이 그림을 보렴.

직사각형 선반에 기둥이 달렸어. 오른쪽에

기둥 2개가 있어. 어? 그런데, 왼쪽에는 기둥이 1개네? 이렇게 그림으로는 그려지고 어떻게 보면 그럴 듯하기도 하지만, 현실에서는 이런 건물이 존재할 수 없겠지?"

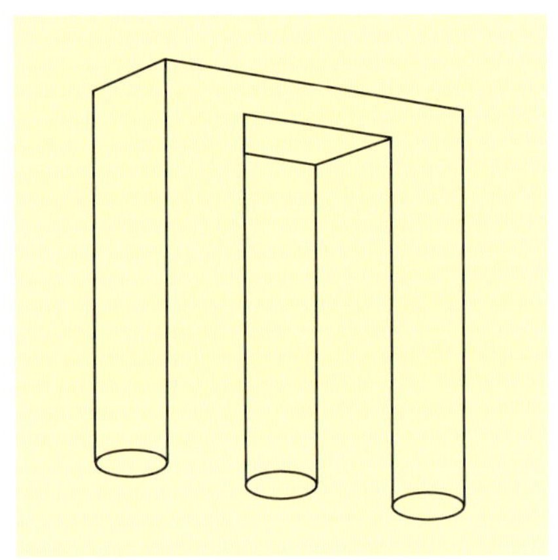

신기하게 바라보는 아이들 앞에 박사님은 또 다른 그림을 보여주셨습니다.

"자, 이것도 한번 보렴. 앞에 것과 똑같은 현상이 나타난 거란다. 그림으로만 본다면, 문제가 없어 보이는 거지. 어떻게 보면 뫼비우스의 띠와도 비슷해 보이지 않니? 하지만 얇은 종이도 아니고, 실제로 딱딱한 고체를 뫼비우스의 띠처럼 꼬고 붙이고 할 수 없으니, 이 역시 현실에서는 불가능한 착시 그림이라 할 수 있지."

도전 3

만일 여러분에게 필요한 재료를 모두 준다면, 다음 그림과 똑같은 것
을 만들 수 있을까요?

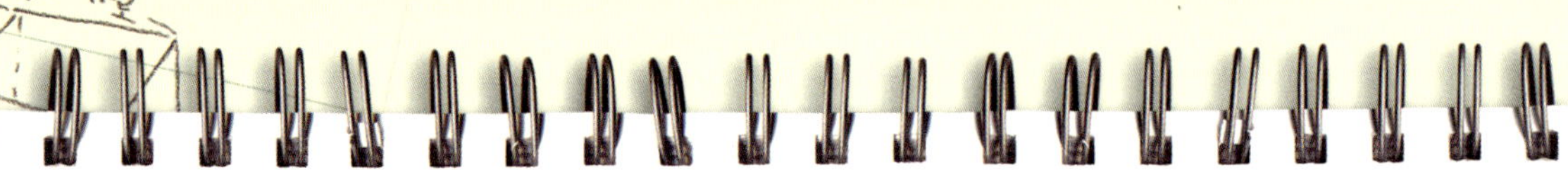

다음 그림에는 별이 숨어 있습니다. 어디 있는지 찾아봅시다.

마침표 찍고 가기

착시 현상에 대해 잘 이해했나요? 눈에 보이는 것이 전부 옳은 것은 아니기 때문에, 항상 주의하고 곰곰이 생각해서 판단해야 겠지요? 잘 이해했다면 스스로에게 칭찬 한마디 해주세요.

해답
궁금증을
풀어봅시다.

1장 신기한 모양

18쪽 도전

1) 먼저 직사각형의 기적이 어떻게 일어난 것인지 살펴볼까요?

1. 먼저 아래와 같이 직사각형 종이 위에 도안을 합니다.

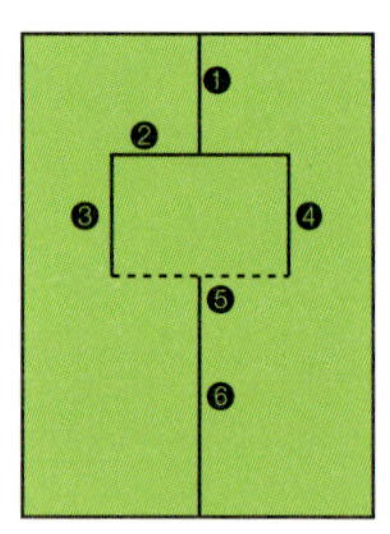

2. ①②③④⑥을 자릅니다.

3. ⑤를 90도 각도로 세웁니다.

4. 도화지의 왼쪽 면만 180도 꺾습니다.

2) 원의 기적은 형태만 다를 뿐 직사각형의 기적과 같은 방식으로 만들어집니다.

1. 다음과 같이 도안을 합니다.

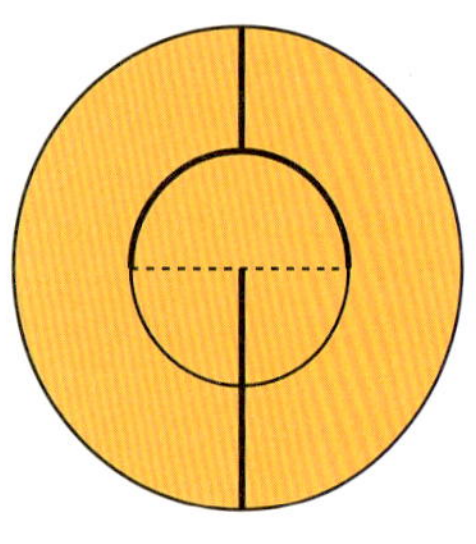

2. 굵은 선으로 표시된 부분을 자릅니다.

3. 점선 부분을 접어 90도 각도로 세웁니다.

4. 도화지의 왼쪽 면만 180도 각도로 꺾습니다.

3) 이번에는 사각형의 기적이 어떻게 일어난 것인지 살펴봅시다.

1. 다음과 같이 도안을 합니다.

2. 굵은 선으로 표시된 부분을 자릅니다.

3. 점선 부분을 접어 90도 각도로 세웁니다.

4. 도화지 왼쪽 면과 오른쪽 면 각각을 반대 방향으로 180도 꺾고 또 한 번 꺾습니다.

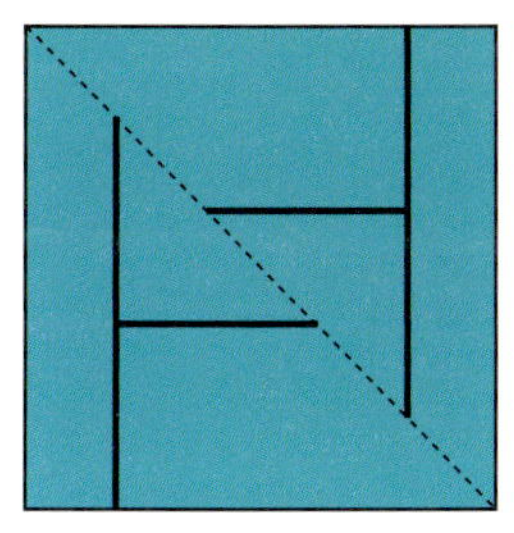

세 개의 기적이 모두 여러분의 손 안에서 이뤄졌나요?

20쪽 한 걸음 더

여러분도 A에 놓은 바퀴가 B를 향해 굴러가는 것을 보았나요? 참으로 신기하지요? 분명 B가 A보다 높아 보이는데, 바퀴가 낮은 곳에서 높은 곳으로 굴러가는 게 말이 되지 않는 거잖아요? 하지만 바로 여기에 수학이 숨어 있는 것입니다. 이 수수께끼의 팁은 바퀴의 받침대가 마주 닿는 곳의 경사도를 이해하는 데 있습니다. 여기에서는 바퀴의 경사도가 받침대의 경사도보다 높기 때문에, 낮은 경사도를 따라 바퀴가 주르륵 굴러 떨어져 내려가는 것입니다. 여기서 우리가 배워야 할 점이 있습니다. 우리가 어떤 사물이나 현상을 볼 때, 마치 눈에 보이는 모습 그대로가 전부 진실인 것처럼 생각해서는 안 된다는 것입니다. 한 번 더 생각하고 조금 더 고민해보면, 보다 정확한 진실에 도달하고 새로운 사실을 발견하기에 이른다는 것입니다.

2장 점판 위의 그림

25쪽 도전 1

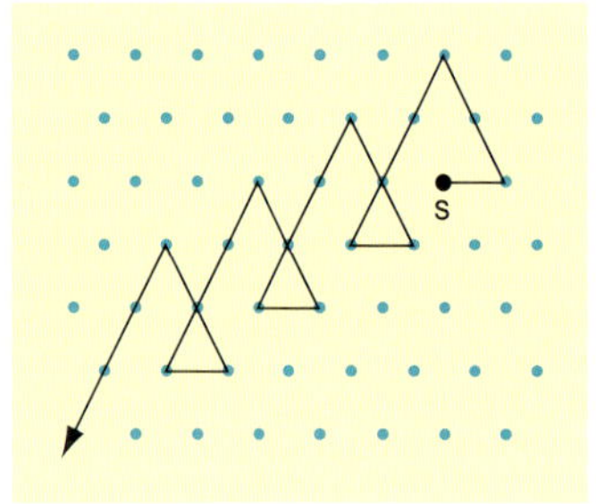

27쪽 도전 2

28쪽 도전 3

1)

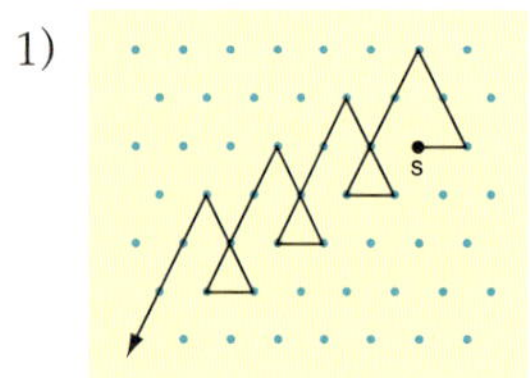

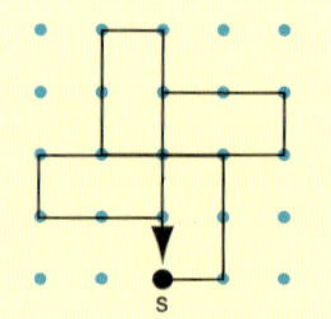

2)

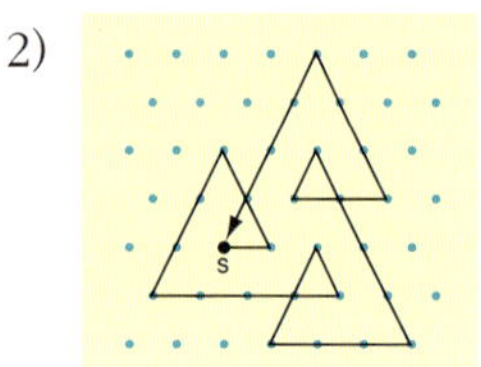

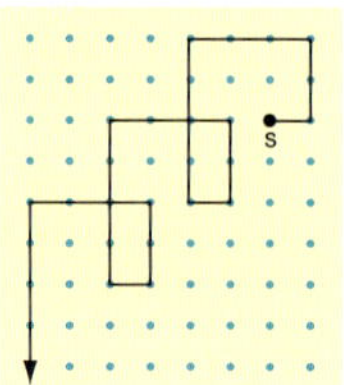

3)

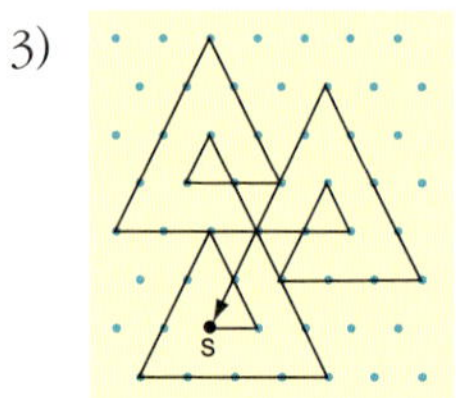

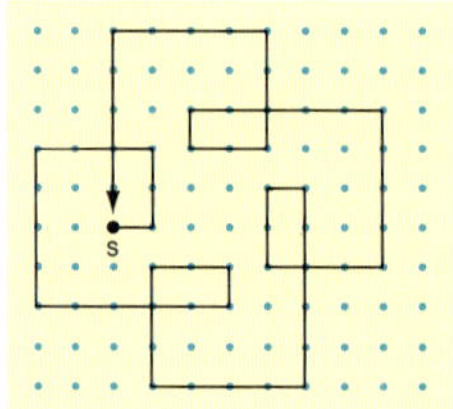

37쪽 도전 4

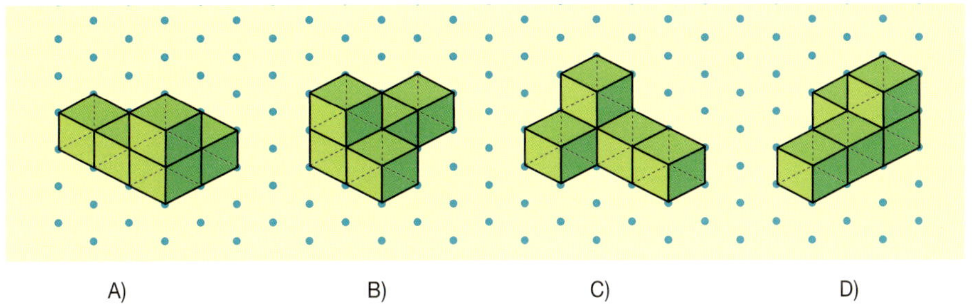

A)   B)   C)   D)

38쪽 도전 5

38쪽 도전 6

40쪽 도전 7

 ## 3장 테셀레이션

50쪽 도전

언뜻 보면 정육각형과 정삼각형으로 만들어진 것처럼 보입니다. 하지만 이것은 다음과 같은 기본 조각으로 탄생된 테셀레이션입니다.

51쪽 한 걸음 더

삼각형을 이용해 눈송이를 만드는 순서는 아래와 같습니다.

첫째, 하나의 정삼각형에 빨간색을 칠합니다.

둘째, 이것과 한 변만 맞닿는 3개의 삼각형을 하늘색으로 칠합니다.

셋째, 다시 하늘색 삼각형과 한 변만 맞닿는 삼각형 6개를 노란색으로 칠합니다.

넷째, 노란색으로 색칠한 삼각형과 한 변만 맞닿는 6개의 삼각형을 파란색으로 칠합니다. 이렇게 해서 그려진 삼각형 눈송이는 아래 그림과 같습니다.

 ## 4장 수학과 디자인

59쪽 도전 1

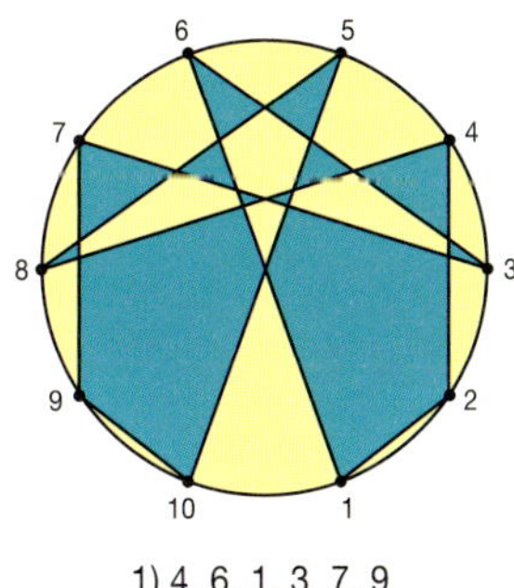

1) 4, 6, 1, 3, 7, 9

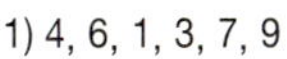

2) 3, 9, 4, 10, 5, 8

62쪽 도전 2

점 7개로 그릴 수 있는 별은 총 24가지입니다.

5장 닮음과 변환, 그리고 안 밖 구분하기

73쪽 도전 1

문제의 사진을 8mm 모눈종이
에 축소하면 옆과 같이 되어야
합니다. 여러분이 그린 그림을
정답과 비교해보세요.

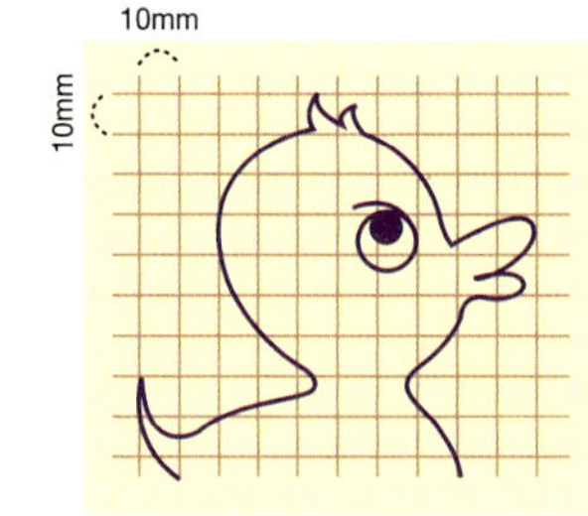

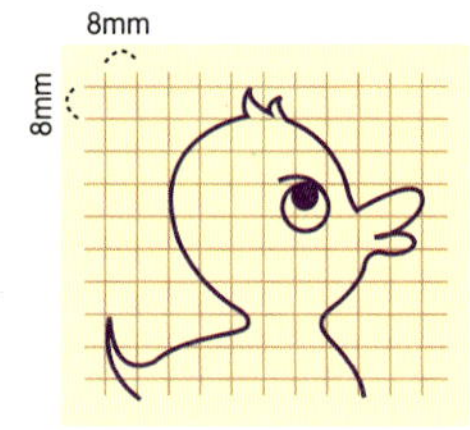

74쪽 도전 2

이번에는 12mm 모눈에 확대된 그림입니다.

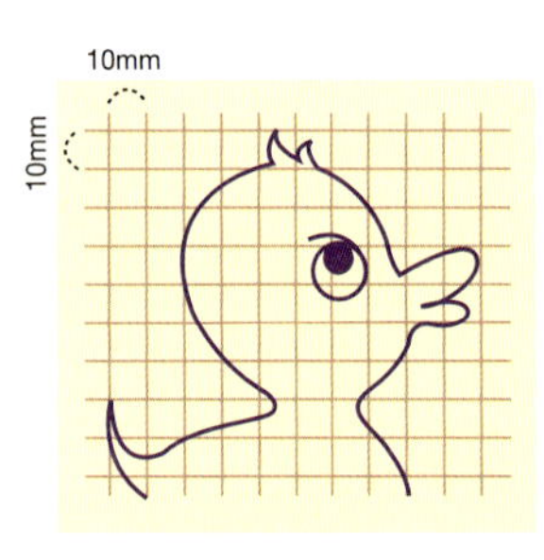

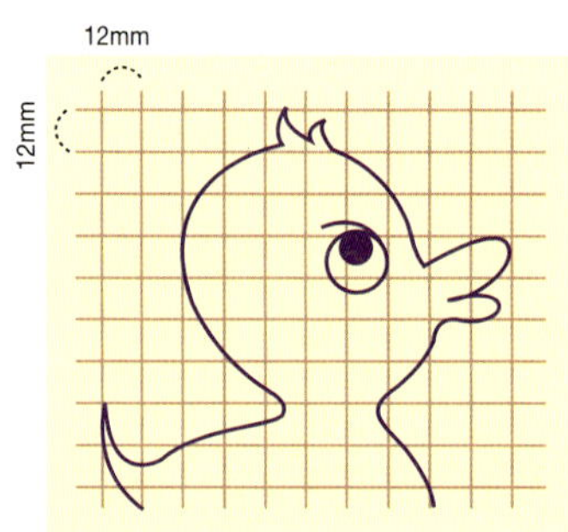

79쪽 도전 3

이 그림에서는, 넘는 선이 6개 짝수이므로, 임의의 점이 중심점과 같은 안쪽 점이 됩
니다.

80쪽 도전 4

이 그림에서 별에서 C까지 가는데 넘어야 할 선은 7개 홀수입니다. 그러므로 별과 C
자는 담장에 막혀 하나는 안쪽, 하나는 바깥쪽에 위치해 있습니다.

81쪽 도전 5

1) A에서 B까지 가는데 넘어야 할 선은 홀수 개입니다. 그러므로 A와 B자는 담장에 막혀 하나는 안쪽, 하나는 바깥쪽에 위치해 있습니다. 또한 C에서 D까지 가는 데 넘어야 할 선은 짝수 개입니다. 그러므로 C와 D는 똑같이 바깥쪽에 위치해 있습니다.

2) A에서 B까지 가는데 넘어야 할 선은 9개, B에서 C까지는 3개, D에서 C까지는 15개 모두 홀수입니다. 그러므로 이들은 담장에 막혀 하나는 안쪽, 하나는 바깥쪽에 위치해 있습니다. 하지만 B에서 D까지 가는데 넘어야 할 선은 12개 짝수입니다. 그러므로 B와 D는 똑같이 바깥쪽에 위치해 있습니다.

83쪽 한 걸음 더

그림과 같이 화살표를 따라 상대방의 손목에 묶인 선을 2번 넘어가면, 홀수-짝수 법칙에 따라 서로에게서 떨어질 수 있습니다.

6장 한붓그리기

90쪽 도전

1), 2), 4), 7)은 한붓그리기를 할 수 있습니다.

3), 5), 6), 8)은 홀수점이 2개 이상이므로 한붓그리기를 할 수 없습니다.

92쪽 한 걸음 더

오일러가 문제를 푼 것과 똑같은 방법을 사용해봅시다. 먼저 배들이 정박해 있는 그림을 단순하게 점과 선으로 그려보면, 다음과 같습니다.

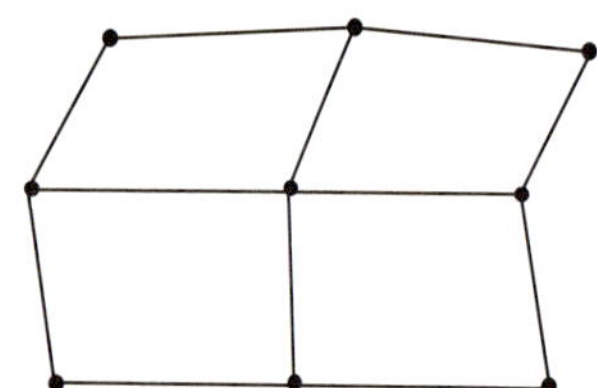

그리고 각 점에 연결되는 선의 수를 세어봅시다. 선이 3개가 되는 홀수점이 2개 이상 있으므로, 이 배들은 한 번씩만 돌아서 나가는 것이 불가능합니다.

7장 뫼비우스의 띠

99쪽 도전

크기가 서로 다른 띠 2개가 서로 얽혀 있습니다. 하나는 처음 띠와 같은 크기이고 다른 하나는 처음 크기의 2배입니다. 색연필을 가지고 선을 그어보면, 모든 면을 지나 처음 시작점으로 돌아오게 되므로, 둘 다 뫼비우스의 띠입니다.

100쪽 한 걸음 더

아래의 사진처럼 두 개의 하트가 나오는 것이 정답입니다. 여러분의 띠에서도 하트 모양이 나왔습니까?

 # 8장 지도 색칠하기

103쪽 도전 1

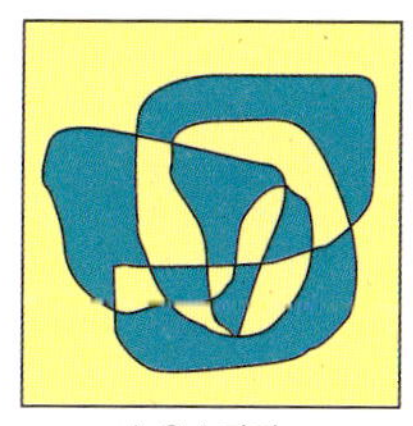

(2)가지

(4)가지

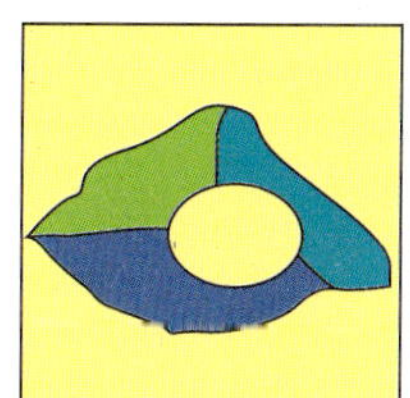

(4)가지

(3)가지

(3)가지

(3)가지

104 쪽 도전 2

(2) 가지　　　　　　(2) 가지

105쪽 도전 3

(2) 가지　　　　　　(3) 가지

 **9장 미로**

115쪽 도전

1)　　2)　　3)

 # 10장 착시, 불가능한 그림

128쪽 도전 1

여러분도 짐작했겠지만, 이 그림에서도 착시 현상이 나타납니다. 원을 가로지르는 직선 때문에 위쪽 잘려진 부분이 아래쪽의 큰 원 부분보다 작아 보이는 게 사실입니다. 하지만 가로선과 평행하면서 원의 중점을 지나는 지름을 따라 반을 접어보면, 위쪽 나머지 부분이 아래쪽의 온전한 반원과 정확하게 겹치는 걸 알 수 있습니다. 따라서 두 곡선을 연결하기만 하면, 이 그림은 둥글고 매끄러운 원이 될 수 있습니다.

132쪽 도전 2

1) 둘 다 정답입니다. 이 그림에서 양쪽 검정 부분만을 놓고 보면 두 사람이 마주보고 있는 모습입니다. 하지만 가운데 흰 부분을 놓고 보면, 분명 받침 있는 술잔입니다.

2) 이 그림 역시 둘 다 보이는 것이 정답입니다. 왼쪽으로 길게 튀어나온 것이 오리의 부리라고 볼 수도 있고, 토끼의 귀라고 볼 수도 있습니다.

135쪽 도전 3

이 그림 역시 현실에서는 불가능한 것입니다. 4개의 계단은 모두 이어져 있습니다. 그리고 모든 계단은 그 전 계단보다 조금씩 높이 놓여 있습니다. 그런데 이것부터가 현실에서 불가능한 것입니다. 계속 올라가는 계단이므로, 처음 시작하는 계단은 가장 낮은 곳에 있고, 마지막으로 끝나는 계단은 가장 높은 곳에 있어야 합니다. 그런데 이 그림에서는 가장 높은 곳에 있어야 할 마지막 계단이 가장 낮은 곳에 있는 계단과 연결돼 있어요. 이제 아시겠지요?

136쪽 한 걸음 더

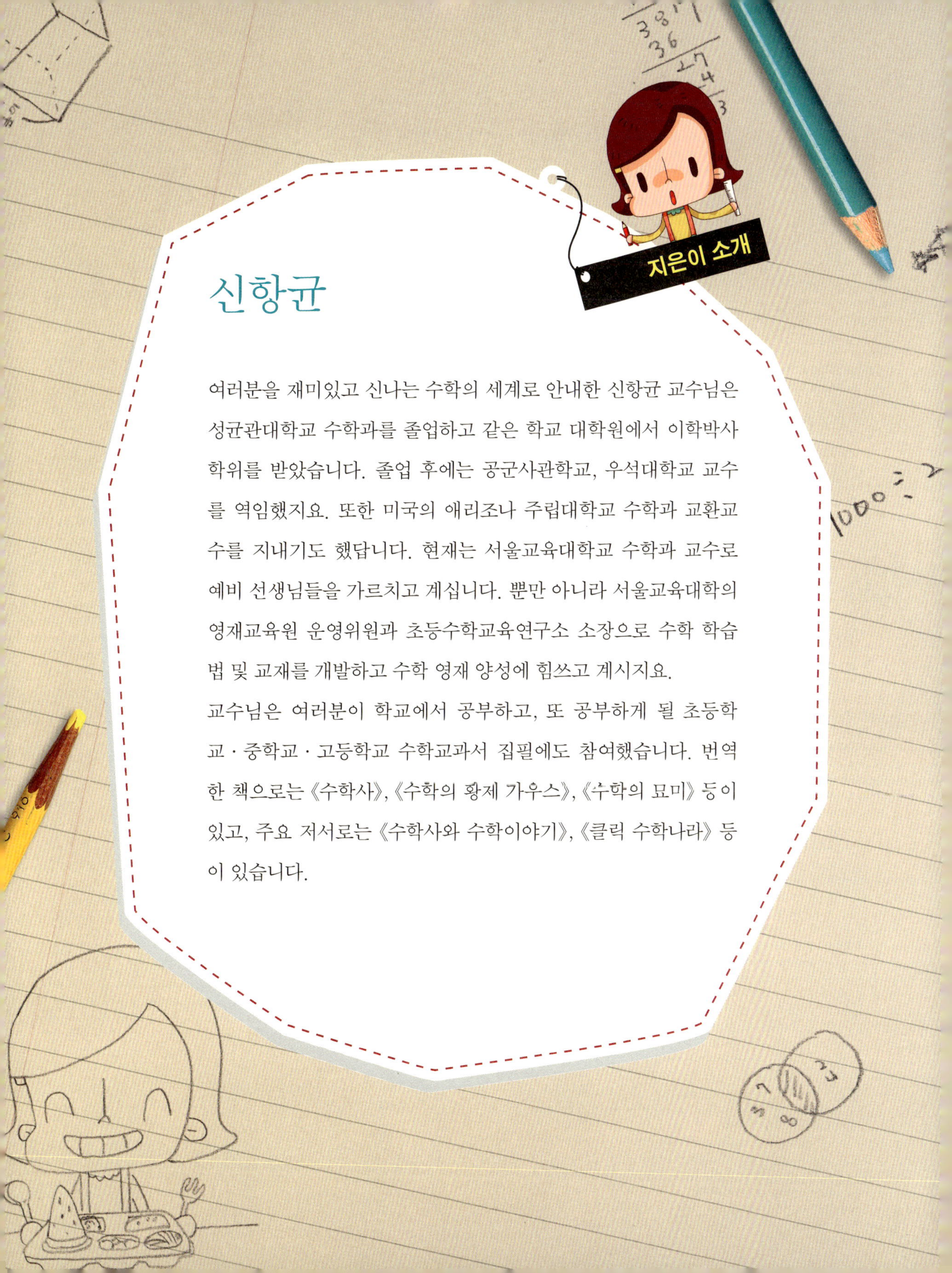

신항균

여러분을 재미있고 신나는 수학의 세계로 안내한 신항균 교수님은 성균관대학교 수학과를 졸업하고 같은 학교 대학원에서 이학박사 학위를 받았습니다. 졸업 후에는 공군사관학교, 우석대학교 교수를 역임했지요. 또한 미국의 애리조나 주립대학교 수학과 교환교수를 지내기도 했답니다. 현재는 서울교육대학교 수학과 교수로 예비 선생님들을 가르치고 계십니다. 뿐만 아니라 서울교육대학의 영재교육원 운영위원과 초등수학교육연구소 소장으로 수학 학습법 및 교재를 개발하고 수학 영재 양성에 힘쓰고 계시지요.

교수님은 여러분이 학교에서 공부하고, 또 공부하게 될 초등학교·중학교·고등학교 수학교과서 집필에도 참여했습니다. 번역한 책으로는 《수학사》, 《수학의 황제 가우스》, 《수학의 묘미》 등이 있고, 주요 저서로는 《수학사와 수학이야기》, 《클릭 수학나라》 등이 있습니다.